Hello
Smart Drone

헬로 스마트 드론

은종원 저

도서출판 가람

저자 소개

은종원 (殷鍾元)

은종원 원장은 연세대학교에서 천문우주학을 공부하고 미국 유학길에 올라, 유타주립대학교에서 물리학 석사와 박사를 취득하였다. 그 후 앨라배마주 헌스빌에 위치한 미항공우주국(NASA) 마샬 우주비행센터(Marshall Space Flight Center)에서 우주왕복선 탑재체 시스템 특성 분석 및 운용에 관한 체계 기술을 연구하였다. 그 뒤 뜻한 바 있어 귀국하였고, 한국전자통신연구원(ETRI)에서 20여 년간 통신위성시스템 관련 연구 하였다. 이때 우리나라 최초 실용위성인 아리랑위성 1호의 지상국 관제시스템 국산화 개발을 성공적으로 수행하여 대통령상을 받기도 하였다.

그는 한국과학재단 국책사업단 우주전문위원으로 재직하면서 우리나라 우주기술 고도화에 크게 기여하였고, 영국 런던에 본부를 둔 World DMB Forum의 부회장으로 선출되어 지상파 DMB 세계 확산에 기여하였다. 또한 통신위성우주산업연구회 회장으로 우리나라 우주기술 고도화와 과학문화 대중화를 위하여 활동하였다.
2009년부터는 남서울대학교로 이직하여 10여 년 넘게 정보통신공학과에서 후학을 양성하는 데 심혈을 기울였다.

현재는 남서울대학교를 퇴직하고, 과학기술부 산하 사단법인 지능형스마트기술정책원(Intelligent Smart Technology and Policy Society : ISTEP)의 원장으로 인공위성 관련 과제를 수행하고 있으며 여전히 현역 과학기술자로 활동 중이다.

그간 은 원장은 국내외 유명 학술지에도 지속해서 연구논문을 발표하였고, 2015년 에는 『위성통신 융합기술』을, 2017년에는 『위성 지상국 융합기술, 지구관측위성을 중심으로』와 같은 인공위성시스템 분야에서 독보적인 책을 출간하였으며, 특히 2015년, 2017년 각각 대한민국학술원 우수서적으로 선정되기도 하였다.

최근에는 인공지능(AI) 기반 과학기술 융합을 통하여 조기에 산불 발화점을 발견하고 진화함으로써 산불 피해를 최소화할 수 있는 『지능형 스마트 산불 감시 및 진화 시스템』을 특허 출원하였다.

추천의 말

1990년대에 ETRI에서 국내 최초로 우리나라 최초 실용위성인 아리랑위성 1호 지상국 위성 관제시스템을 주도적으로 국산화 개발을 성공적으로 수행한 후 남서울대학교에서 위성통신 분야의 후학을 양성하고 은퇴한 은종원 박사가 드론 기술 활용 지침서를 출간한다니 기대하는 바가 크다. 드론은 무인 비행체로서 모기만한 초미니 드론과 카메라를 싣고 지상을 촬영하여 보내주는 중형드론 그리고 공격용 미사일을 싣고 나르는 초대형 군용 드론까지 다양하며, 특히 카메라 탑재 소형드론은 우리 생활에 깊이 파고들고 있다. 드론의 요체는 드론 몸통 구조와 탑재체 그리고 원격 조정된 임무를 위한 자동항로 설정 SW이며 드론의 안전 운항을 위한 법규도 중요하다. 드론을 전공하려는 대학생, 드론 산업 종사자 그리고 드론을 사용하여 부가가치를 창출하려는 분들에게 은 교수의 노작(勞作)을 일독할 것을 추천한다.

[정선종, (전) ETRI 원장 (전) ETRI 위성통신연구단장]

우주 분야 전문가가 항공 분야 도서를 출판하여 항공우주 전문가가 되었다. 항공우주 비행체 분류는 여러 방법이 있으나 사람이 타느냐 또는 타지 않느냐로 크게 구분할 수 있다. 사람이 타지 않는 항공우주 비행체를 무인 비행체라고 한다. 인공위성도 드론도 모두 무인 비행체이다. 인공위성의 통신과 관제는 드론의 통신과 관제와 기술적으로 유사하다. 인공위성이 지구를 돌 때 지상국에서 통신망을 통하여 위성을 관제하고 위성사진 등 데이터를 받는다. 드론도 지상 운영자가 통신으로 관제하거나 영상 데이터를 받는다. 드론은 항공 기술이 들어간 비행체이나 그 구조가 상대적으로 단순하고, 임무를 수행하기 위해서는 통신이나 관제가 중요하다. "Hello Smart Drone"은 인공위성과 드론의 유사점을 바탕으로 드론 사용자들인 독자들의 이해를 돕는다.

[임철호, (전) 한국항공우주연구원 원장 (현) 전주대학교 연구교수]

드론은 이제 단순히 '하늘을 나는 무인 비행체'의 개념이 아니다. 인류의 생활을 혁신적으로 바꿀 새로운 패러다임이기 때문이다. 새로운 이동과 운송 수단이 되는 것은 물론이고, 농업의 생산력을 높이고, 재난을 막고, 실종자를 수색하고, 영상 콘텐츠를 만들며, 공연문화를 바꾸고, 심지어 전쟁의 판도를 바꾸기도 한다. 드론을 공부한다는 것은 미래의 변화를 상상하고 꿈꾸는 일이기도 하다. 이 책이 그 길을 충실하게 안내해줄 것이다.

[정하연, 데일리뉴스 대표]

1940년대부터 무선모형비행기의 등장으로 일반인들, 특히 청소년들이 항공기에 관심을 가지게 되었다. 이들 청소년들이 무선모형비행기를 1960년대부터 군용무인기로 변신시켰고, 군용무인기는 이후 여러 전장에서 장기정찰 등에 활용이 되었다. 이후 소형화된 무인항공기(드론)가 등장하여 여러 산업분야에서 다양하게 활용이 되고 있고, 드론경진대회 등의 행사를 통해 젊은 층에서 드론의 대중화가 빠르게 확산되고 있다. 드론은 어느 덧 우리의 일상생활이나 비즈니스에서 중요한 수단으로 등장하였다. 이에 이 도서는 드론을 이용한 취미생활이나 비즈니스 기회를 찾는 독자들에게 좋은 길잡이가 되어줄 이라고 본다.

[조황희, 국가우주정책연구센터장]

하늘은 멀지만 가깝고, 어렵지만 쉽다. 그 하늘을 날아다니는 드론도 그렇다. 드론은 어렵고 멀 수도 있다. “Hello Smart Drone”은 우리 가까이에 있는 하늘 드론을 보여준다. 드론을 통해 우리 주변의 세상을 보려는 분들에게 “Hello Smart Drone”은 쉬운 길잡이가 될 것으로 확신한다.

[김병수, 국토교통과학기술진흥원 항공실장]

최근에 TV 예능에서 반려 드론을 갖고 다니는 사람이 있었다. 드론을 가지고 마치 게임을 하듯, 사람과 대화하듯, 현란한 기술을 구사하는 것을 보고 놀라웠다. 드론이 궁금해졌고, 알고 싶어졌던 차에 이 책 『헬로 스마트 드론』을 접할 수 있었다. 드론은 나와는 별 상관도 없고 접할 기회도 없을 것 같은 물건이라 생각했는데 이 책을 통해 드론은 이미 내 생활 속 깊이 들어와 있다는 것을 알게 되었다. 드론 자격증에 관심을 두고 준비 중인 남편에게도 좋은 정보를 얻을 수 있는 기회가 되었다. Hello Smart Drone에서 언급하고 있듯이 고성능 소형드론이 스마트폰을 대신할 때가 머지않았다는 게 너무 설렌다.

[이시희, 중소벤처기업부 산하 중소기업유통센터 상임이사]

어린 시절 종이비행기를 만들어 파란 하늘에 날려 보내며 마냥 신기해했던 것이 생각난다. 하늘을 나는 새를 보며 그 특별한 능력이 언제나 부러웠다.
오랜 옛날에는 먼 곳으로 귀한 소식을 전하기 위해 비둘기를 전령으로 날려 보냈다고 한다. 하지만 이제는 드론을 활용하여 이와 같은 다양한 활동을 할 수 있게 되었다. 현재 우리는 초기 4차 산업혁명기를 살아가고 있다. 드론은 미래사회를 구성할 핵심기술의 집합체이며 기술 혁신의 아이콘이다. 우리나라에서 최초로 기상 드론을 개발하고 있는 개인적 경험에 비추어 볼 때 처음 드론을 날렸을 때는 비행 기체만 보이다가 점점 하늘이 보이고 바람이 스쳐 가는 것을 느껴졌다. 제 마음과 의식은 마치 새가 된 것 같이 하늘을 날고 있었다. 여러모로 이 책을 통해서 드론기술의 놀라움과 자연의 경이로움을 느껴보시기를 기원해 본다.

[김재원, ㈜환경과 안전 대표]

머리말

드론은 공식적으로 보자면, 무인 항공기(Unmaned Aerial Vehicle: UAV) 또는 무인 항공기 시스템(Unmaned Aircraft System: UAS)으로 알려져 있다. 그러나 본질적으로 드론은 비행 로봇이라고 보는 게 맞을 것이다. 무인 항공기라고 불리는 드론은 일상적인 기본적인 항공 촬영부터 매우 위험한 것까지 다양한 작업을 수행한다. 보통 드론은 조종사로부터 원격 명령을 받거나 자율 비행을 위해 소프트웨어에 의존하는 모든 항공기를 말한다.

원래 '드론'이라는 용어는 Queen Bee'의 이름에서 영감을 받아 사용되기 시작했다. 1980년대에 이르러 미국에서 제작된 드론은 군사적으로 목적으로 사용되었다. 드론은 전투에서 미끼 역할을 하고, 고정된 목표물에 미사일을 발사하고, 심리 작전을 위한 전단을 떨어뜨리는 등 새로운 역할에 사용되기 시작했다. 2010년을 넘어오면서 드론은 자연재해 수색 및 구조, 감시활동, 교통 모니터링, 기상 모니터링과 같은 공공의 목적을 위한 활용에서부터 개인적인 취미 활동이나 비즈니스를 목적으로 사진 혹은 비디오 촬영, 농업분야에 이르기까지 광범위한 민간영역에서도 활용되고 있다. 또한 드론은 드론 스포츠, 광고 촬영, 영화 산업의 중요한 부분에 활용되고 있으며 뉴스 리포터들이 접근할 수 없는 환경에서 생생한 정보를 전달하기 위해서 사용되고 있다. 이렇게 드론이 다양한 영역에서 활용되기 시작하면서, 기술 집약화와 소형화 및 대중화로 새로운 드론기술은 혁신적으로 발전하게 되었다.

최근에 개발된 드론은 다양한 높이와 거리를 이동할 수 있게 되었다. 초근거리 드론은 보통 4.8km까지 이동할 수 있는 능력이 있으며, 주로 취미생활 하는 분들이 사용한다. 근거리 무인정찰기의 사정거리는 약 48km다. 단거리 드론은 144km까지 이동하며 주로 첩보 활동과 정보 수집에 사용된다. 중거리 드론은 640km의 거리까지 활용이 가능하며, 정보 수집, 환경오염 연구, 기상 연구에 사용될 수 있다. 가장 긴 거리 드론의 성능은 최장 640km 범위를 넘어 공중에서 914m까지 비행할 수 있다.
드론은 이제 "항공우주, 전기·전자, 정보통신, 재료, 기계, 물리, 화학, 컴퓨터 S/W, 기상, 지리정보" 등의 첨단 과학기술 집합체이며 다양한 기술과 기능이 융합되며, 미래의 지속 가능한 새로운 가치 창출이 가능한 장치로서 자리매김했다.

스마트폰의 일상화가 우리의 삶을 크게 바꾸어 놓았듯이 우리의 삶 속에서 드론은 그저 무인비행체가 아니라 미래 인류의 삶을 급격하게 변화시킬 새로운 패러다임의 시작을 알리는 중요한 매체가 될 것이다. 특히 드론의 뛰어난 이동성과 다양한 센서의 이용 가능성은 인간이 접근하기 어려운 환경에서 다양한 임무를 수행할 수 있어 미래의 드론 시장은 급속히 성장할 것이다. 지금도 드론은 원격으로 제어될 수 있고 다양한 거리와 높이로 비행할 수 있는 특성 때문에, 세계 어느 곳에서 인간이 수행하기 힘들고 어려운 일들을 대신 처리하고 있을 것이다.

초창기 드론은 조립 및 세팅이 어렵기도 하고, 크기가 크고 비싸서 일반인들이 이용하기에는 부담스러웠다. 하지만 이제는 누구나 쉽게 촬영용 드론을 조종하며 공중 촬영이 가능하게 되었다. 얼마 전만 해도 국내외 명승지 등을 여행할 때 스마트폰에 추억을 담았지만, 이제는 고성능 저렴한 소형 촬영용 드론으로 스마트폰을 대신하는 시대가 되었다. 드론은 더 이상 고급 자격증을 가진 전문가들이나 부유층을 위한 전유물이 아닌 일상생활에서 흔히 활용되는 필수품이 되어가고 있다. 드론은 이미 전쟁의 형태를 변화시켰고, 곧 민간 환경에서도 흔한 도구가 될 것이다.
드론을 처음 조종할 때는 누구나 어려움을 겪는다. 그래서 일상에서 드론을 간편하게 사용하고자 하는 분들에게 체계화된 드론 정보를 공학적으로 쉽고, 간편하게 이용할 수 있는 실용 서적이 필요할 것이다. 그래서 본 책은 드론 활용에 관심이 있지만, 촬영용 드론을 학습할 시간이 부족한 사용자가 혼자서도 쉽게 드론을 학습할 수 있고, 구체적이며, 체계적으로 촬영용 드론을 소개해줄 수 있는 내용으로 구성하였다.

본 책은 드론을 알고자 하는 입문자뿐만 아니라 촬영용 드론을 이용하여 새로운 진로를 모색 중인 대학생, 단시간 내에 독학하여 드론을 학습하고 싶은 일반인에게 드론 구조부터 원리, 조종 방법, 드론 안정 운항 관리, 드론 촬영과 비디오 편집 노하우와 드론 발전 동향 등을 자세하고 쉽게 소개하고 있어 매우 유용한 책이 될 것이다. 여러 독자는 이 책을 통해 드론이 일상의 여러 분야에서 다양하고 유익하게 활용되길 희망한다.

끝으로 이 책이 나오기까지 도움을 주신 많은 분들에게 지면을 통해서라도 감사를 드리고자 한다. 우선 감사의 말을 작성하여 주신 존경하는 (전) 한국전자통신연구원장 정선종 박사님, (전) 한국항공우주연구원장 임철호 박사님, 국가우주정책연구센터장 조황희 박사님, 국토교통과학기술진흥원 항공실장 김병수 박사님, 데일리뉴스 정하연 대표님, 중소벤처기업부 산하 중소기업 유통센터 이시희 상임이사님, ㈜환경과 안전 이재원 대표님께 감사를 드린다.
촬영용 드론 영상 편집과 콘텐츠 제작에 대해 조언해준 Merry Film 정종민 Contents Producer, 바쁜 일정 속에서 드론 안전 운항 관리에 관한 자료를 제공해주고 자문해준 ㈜이이스마트텍 부사장 이동진 박사님, 우리나라 기상전문가로 동분서주하는 가운데 항공기상 자료를 제공해 준 (전) 기상청 총괄 예보관 김동호 박사님, 그리고 본 책의 출판에 협조를 아끼지 않은 ㈜도서 출판 가람 사장님과 직원 여러분에게 감사를 드린다.
마지막으로 항상 사랑으로 격려해준 아들과 딸, 형제자매와 본 책의 원고를 검토하고 편십을 위해 물심양면으로 도움을 준 아내에게 고마움을 전 한다.

2023년 5월

호당 서재에서 은송원

Contents

제3부 촬영용 드론 비행 준비 및 실습

제4부 촬영용 드론의 촬영 기술과 콘텐츠 제작

Contents

부 록

Hello Smart Drone

제1부

드론개발 과거·현재·미래 및 드론의 특성

제1부 드론개발 과거·현재·미래 및 드론의 특성

제1장 드론개발 역사 및 발전 방향

1980년대 미국이 주도하여 본격 개발되기 시작한 드론은 군사 정보 수집과 정찰을 목적으로 개발되었다. 그러다가 2010년을 넘어오면서 드론은 군수 목적에서부터 민간 레저분야까지 다양하게 활용되면서, 기술 집약화와 소형화를 이루면서 새로운 드론들이 개발되고 있다.

드론은 "항공우주, 전기·전자, 정보통신, 재료, 기계, 물리, 화학, 컴퓨터, 기상, 지리정보 등의 첨단 과학기술 집합체로 다양한 기술과 융합되며, 지속 가능한 새로운 가치 창출이 가능한 장치"이다.

드론의 뛰어난 이동성과 다양한 센서의 이용 가능성은 인간이 접근하기 어려운 환경에서 다양한 임무를 수행할 수 있어 향후 드론 시장은 급속히 성장할 것으로 예상된다.

드론은 개인의 취미 활동으로 이용되는 항공 촬영뿐만 아니라 사람이 쉽게 접근할 수 없는 산불/산림 감시, 무인 택배, 농작물 파종 및 방역, 군의 보안 감시 및 정찰, 해안/환경 감시, 드론 스포츠, 광고(commercial Flim: CF) 촬영 및 방송 영상 촬영, 우주탐사 등 다양한 분야에서 활용되고 있다.

1. 드론이란 무엇인가?

첫째, 드론은 영어 사전(Naver 영어사전) 어휘로 수벌이 윙윙거리는 소리 또는 낮게 윙윙거리는 소리를 의미한다. 드론은 비행할 때 프로펠러가 회전하는 소리가 마치 수벌이 날개 짓을 하는 소리와 비슷하여 붙여진 이름으로 사용되고 있다.

꿀벌의 수컷인 수벌(Drone)의 형상

Keynote Navigator

꿀벌의 종류

꿀벌은 3가지 계급 있다. 여왕벌(Queen bee)은 암벌로서 번식을 담당한다. 반면에 일벌은 생식기능을 잃고 먹이를 모으거나 집짓기 일을 수행한다. 수벌(Drone)은 처녀 왕과 교미하는 역할을 한다.

드론이라는 명칭의 사용 유래는 명확하지 않다. 1935년에 영국에서 사람이 타는 훈련용 복엽기인 타이거 모스를 원격조종용으로 개조하면서 여왕벌(Queen bee)이라는 별칭이 붙였는데 여기에서부터 수벌을 의미하는 드론이 무인기를 지칭하는 용어로 사용되었을 것으로 추정된다. 드론이라는 용어는 1930년대 영국과 미국에서 대공포 훈련용으로 개발된 무인항공기를 표적 드론(target drone)이라고 명명하며 최초로 사용되었다.

둘째, 우리말샘 사전에서는 드론이란 자율 항법 장치에 의하여 자동 조종되거나 무선 전파를 이용하여 원격 조종되는 무인 비행 물체로 정의하고 있다.

셋째, 드론은 조종사가 탑승하지 않고 무선 전파 유도에 의해 비행 및 조종을 할 수 있는 비행기나 헬리콥터 모양의 항공기를 총칭한다(권희준, 2017).

드론은 무인 비행 장치(UAV, Unmanned Aerial Vehicle), 무인항공기 시스템(UAS, Unmanned Aircraft System), 원격조종항공기시스템(RPAS, Remotely Piloted Aircraft System)으로도 명명되기도 한다. 조종사가 탑승하지 않는다는 공통점이 있지만, 용어 사용에 차이가 있다. UAV는 비행체 자체를 의미한다. UAS는 비행체, 임무 장비, 지상 통제 장비, 데이터링크, 지상 지원 체계를 모두 포함한 전반적인 시스템으로 미국에서 사용되는 용어이다. RPAS는 2010년 국제민간항공기구(ICAO, International Civil Aviation Organization)에서 처음 사용한 용어이다(박지영 외, 2017).

미국국방부는 드론을 '동력을 갖추고 있지만, 조종사가 탑승하지 않으며, 항공역학을 이용하여 기체의 양력을 얻고, 자율적인 비행과 원격조정이 가능하며, 폐기 또는 회수가 쉽고 살상 및 비살상 장비를 탑재할 수 있는 항공기'로 정의하고 있다.

넷째, 국내 「항공법」에서는 드론은 조종자가 탑승하지 아니한 상태로 항행할 수 있는 비행체로서 국토교통부령으로 정하는 기준을 충족하는 다음 기기를 말한다.

- 「항공 안전법」 제2조 제3호에 따른 무인 비행 장치
- 「항공 안전법」 제2조 제6호에 따른 무인항공기
- 그 밖에 원격·자동·자율 등 국토교통부령으로 정하는 방식에 따라 항행하는 비행체

연료를 제외한 자체 중량이 150kg 이하인 것은 무인 비행 장치로, 150kg을 초과하는 것은 무인항공기로 규정하고 있다.

무인 비행 장치는 사람이 탑승하지 아니하는 것으로서 무인 동력 장치, 무인 비행선으로 분류된다. 무인 동력 비행 장치는 연료의 중량을 제외한 자체 중량이 150kg 이하인 무인비행기, 무인 헬리콥터 또는 무인 멀티콥터를 의미한다.
무인 비행선은 연료의 중량을 제외한 자체 중량이 180kg 이하이고 길이가 20m 이하인 무인 비행선을 의미한다.

2. 드론개발의 역사 과거·현재·미래

드론은 무인 비행체이기 전에 항공기로 볼 수 있다. 따라서 드론의 역사는 비행체의 역사와 그 시작이 같다고 할 수 있다. 이탈리아 발명가 레오나르도 다빈치는 세계 최초로 비행체를 발명하였다. 1505년 다빈치가 발표한 새의 비행에 관하여 새의 날개 윗부분과 아랫부분의 압력 차이가 존재해 하늘을 날 수 있는 힘을 발생한다는 것을 밝혔다. 또한 다빈치는 드론의 원조라 볼 수 있는 헬리콥터와 유사한 비행체를 설계하였다. 그가 설계한 헬리콥터는 실제 비행은 불가능하였지만 기존 새의 날개를 이용한 비행체와는 전혀 다른 비행체였다.

오스트리아에서 1849년에 발명되어 베니스 전투에서 사용된, 폭탄을 떨어뜨리는 열기구가 드론의 시초라고 할 수 있다. 1883년에 더글러스 아치 볼트가 개발한 에디의 감시용 연(Eddy's Surveillance Kite)은 최초로 항공사진을 촬영하는 데 성공하였다.

최초의 드론 기체는 1917년 Sperry Aerial Torpedo가 개발한 100kg가 넘는 폭탄을 싣고 운행하는 스페리 에어리얼 토페도(Sperry Aerial Torpede)였다. 그 이후 1918년 찰스 케터링이 개발한 '케더링 버그(Kettering Bug)'는 일회용 방식의 폭격용 드론이었다.

1939년 발발한 2차 세계대전은 영국의 여왕벌(Queen Bee)을 탄생시켰다. 여왕벌은 세계 최초의 왕복 재사용 가능한 무인항공기로 드론(수벌)이라는 어원을 탄생시킨 비행체이다. 1982년 이스라엘 스카우트(Scout) 드론은 레바논 전쟁에서 실전 투입되어 미사일 유도 등의 전투 임무를 수행하였다. 1980년대 말에 등장한 파이오니어(Pioneer) 드론은 걸프전에 출격하여 임무를 완수함으로써 전쟁에서 드론이 중요한 요소로 인식되는 계기가 되었다.

1990년대 군사용 드론(Predator Drone)은 순수 정찰용 드론으로 개발되었으나 대전차미사일 등 무기 장착이 가능해 전투용으로도 사용되었다. 군사용 드론(Predator Drone)은 아프카니스탄, 이라크, 파키스탄, 발칸 반도, 예멘 등에서 가치를 인정받으면서 널리 사용되어 우리에게 대표적인 무인정찰기로 인식되었다. 2000년대에 드론은 IT 인공지능기술(AI) 등과 융합되어 기술 발전이 고도화되고 있다.

처음 전화기가 발명된 이래 정보통신기술은 비약적으로 발전하여 이동통신이 발명되었고 이 기술은 여러 세대로 분류되고 있다. 1세대(1G)는 음성통신만 가능한 아날로그 이동전화, 2세대(2G)는 문자 메시지와 메일이 가능한 디지털 이동전화를 말하며, 데이터 전송 속도와 동영상 전송 속도가 가능해진 3세대(3G), 4세대(4G)는 초고속 이동무선 인터넷이 가능한 이동전화이다. 그리고 4세대(4G)를 넘어 오늘날에는 초고속, 초 지연, 초연결 등이 가능한 5세대(5G) 이동전화로 진화되었다. 저궤도 통신위성망을 이용하여 전 지구 이동통신을 획기적으로 발전시킬 목적으로 6세대(6G) 이동전화가 개발하고 있다. 이동전화 기술이 수십 년을 거쳐 발전하였듯, 드론의 기체도 다음과 같은 단계를 거쳐 관련 핵심기술이 개발되어 오늘에 이르게 되었다.

1세대 드론의 기체는 카메라와 짐벌(Gimbal)의 결합체이다. 드론 기체에 상·하향 짐벌 마운트를 탑재하여, 송전탑을 포함한 에너지 시설점검, 화산폭발, 지진 등 재난 및 재해 감시에 활용되었다.

2세대 드론의 기체는 열 감지, 다중분광, 적외선 카메라, 라이더(LIDER) 등 다양한 센서 탑재 장치를 이용해 자료수집이 가능해진 시스템이다. 3세대 드론의 기체는 기반 소프트웨어 기술과의 결합이다. 지상에서 측정하거나 비행기에서 측정하던 장비가 드론에 부착됨에 따라 보다 정밀한 공간정보를 얻을 수 있게 되었고, 드론과 연계한 다양한 소프트웨어의 결합으로 고도화된 콘텐츠가 개발되어 다양한 분야에 활용되고 있다.

이처럼 드론의 기체는 시간이 지날수록 소형화되고 드론 조종은 쉬워질 것으로 예견된다.

현재까지 드론은 하늘을 통로로 운행되었다. 하지만 가까운 미래에 드론은 육해공이 가능한 무인 이동운반체로 발전할 소지가 다분하다.

드론의 역사는 우리가 생각했던 것보다 굉장히 먼 옛날부터 시작되었다. 최초로 군사용으로 개발되어 사용되었던 드론은 이제는 상업, 산업, 농업, 레저분야 등까지 우리에게 다양한 모습으로 다가오고 있다.

드론개발의 역사는 현재 진행형으로 다양한 활용 분야에서 드론개발에 대한 기록이 새롭게 쓰일 것이다.

3. 드론의 발전 방향

최근 개인이 수월하게 운용할 수 있는 수직이착륙 형 멀티콥터 형상의 소형 드론이 개발되면서 레저 스포츠, 항공 촬영, 3차원 공간정보 획득, 농약 살포, 택배, 경주용 등으로 활용되어 민간용 드론 시장은 확대되고 대중의 관심이 집중되고 있다. 2016년 1월 미국 라스베가스에서 개최된 세계 가전 전시회(Consumer Electronics Show: CES)에서 중국 이항사가 유인 멀티콥터 비행체를 전시하였다. 이 비행체에 대하여 유인 드론(manned drone)이라는 명칭이 사용되면서 드론의 정의는 무인항공기 개념의 범주를 벗어나 승객을 태우고 자율 비행을 할 수 있는 신개념 항공기로 확대되었다. 향후 자동차나 선박과 협업을 할 수 있는 자율(pilotless autonomous) 운행 유인 자동차 드론과 선박 드론이 개발되어 인간의 삶의 형태를 크게 변화시킬 것으로 기대된다(윤광준, 2016).

드론은 이제 단순히 공중을 비행하는 형태를 벗어나 무인 잠수함이나 무인 자동차와 같은 새로운 모습으로 변화하고 있다.

보잉에서 개발 중인 무인 잠수함
[출처, Boeing, 2011]

다음 그림은 드론과 자동차 기술이 융합되어 수직이착륙이 가능한 차세대 전기 수직이착륙 항공기(eVTOL)의 형상을 나타낸다.

전기 수직이착륙 항공기(VTOL: Vertical Take-off and Landing)

[출처, 라이스 레콘(Ryse Recon), 2023]

제2장 드론 종류와 구조

1. 드론 종류

드론은 형태와 기능, 운용 방식 및 목적들이 다양하여 한 가지 기준으로 분류하는 것은 매우 어려운 일이다. 본 장에서는 항공법, 비행체 형상, 기체의 형태, 비행사용 목적, 카메라의 성능과 모터의 성능 및 조종기 성능, 우리나라 국가 기술평가원 국가표준(KS W9000), 그리고 미 국방성의 분류 방식에 근거하여 드론을 세분화하고자 한다.

첫째, 「항공법」제23조에 기반한 항공법에 따른 드론의 종류

분류	정의
▸ 무인 비행 장치	사람이 탑승하지 아니하는 것으로서 다음의 비행 장치
▸ 무인 동력 비행 장치	연료를 제외한 자체 중량 150kg 이하인 무인비행기 또는 무인 회전익 비행 장치
▸ 무인 비행선	연료를 제외한 자체 중량 180kg 이하이고 길이 20m 이하인 무인 비행선

둘째, 비행체 형상에 따른 드론의 종류

구분	주요 특성
▸ 고정익형 드론	• 고속 및 장거리 비행이 가능 • 활주로 또는 발사대를 이용하여 이륙 • 주로 군수용으로 사용
▸ 회전익형 드론	• 수직 이착륙 및 제자리 비행이 가능 • 속도, 항속거리 등에서 고정익형 대비 불리 • 주로 농업방제, 영상 촬영, 함상용 등으로 사용 • 주로 소형 드론에 적용되는 멀티콥터는 회전익형의 일종
▸ 혼합형 드론	• 고정익과 회전익의 특성을 동시 보유 • 고속 비행과 수직 이착륙 가능 • 날개의 양력을 사용한 비행으로 회전익형 대비 연료 효율 양호

[출처: 이성엽, 2016]

북한 무인항공기 영상, 발견일: 2014년 3월 24일 경기도 파주
[출처: 연합뉴스]

감시 무인항공기, 미국 육군 드론
[출처: https://www.wallpaperflare.com/]

셋째, 기체의 형태에 따른 드론의 종류

드론은 프로펠러 개수에 따라 구분된다. 프로펠러가 3개이면 트라이콥터, 4개는 쿼드콥터, 6개는 헥사콥터, 8개는 옥토콥터 등으로 구분된다.

트라이콥터는 전방 2개, 후방 1개, 총 3개의 프로펠러로 구성되어 있는데, 전방 2개의 프로펠러 간격이 넓어 보다 넓은 화각의 카메라를 장착할 수 있다. 헬기의 형태와 비슷해 기동성이 좋으나 제어가 복잡하며 적은 프로펠러 수로 인해 안정성은 다소 떨어진다.

트라이콥터 형상
[출처: Google Free Image]

쿼드콥터는 4개의 프로펠러로 구성되어 있고, 필요한 부품 수가 가장 적고 설계가 단순해 가장 많이 이용되는 형태이다.

쿼드콥터 형상
[출처: Google Free Image]

헥사콥터는 6개의 프로펠러로 구성되어 있고, 페이로드(유효탑재량)가 증가하여 더욱 크고 무거운 카메라를 장착할 수 있다. 쿼드형태에 비해 비행 안정성이 높고, 한 개의 프로펠러가 정지해도 추락하지 않고 착륙할 수 있는 장점이 있다.

헥사콥터 형상
[출처: Google Free Image]

옥토콥터는 8개의 프로펠러로 구성되어 있고, 바람에 대한 저항성이 강하다. 2개의 프로펠러가 정지해도 추락하지 않고 착륙할 수 있다. 단, 프로펠러의 간격이 좁고 촘촘하여 카메라는 최대한 아래쪽에 장착하여야 프로펠러가 카메라 화각에 걸리지 않게 된다.

옥토콥터 형상
[출처: Google Free Image]

넷째, 비행 사용 목적에 따른 드론의 종류

분류	사용 목적
▸ 군사용 드론	적지의 탐지/탐색, 조사, 관측 및 화력 무기 운반 등 군사적 목적으로 사용
▸ 관측용 드론	기상관측, 지형관측, 해수면 관측, 산림관측 등 연구 목적으로 사용
▸ 미디어용 드론	영상 제작을 위한 항공 촬영, 가상현실(Virtual Reality: VR) 촬영, 영화 시네마 촬영용으로 사용
▸ 응급용 드론	응급 시 현장에 도달하여 현장 상태를 실시간으로 송신하여 현장에서 응급 처치할 수 있게 지원할 목적으로 사용
▸ 농업용 드론	넓은 구역 농지나 농작물을 재배, 관리 목적으로 사용
▸ 경주용 드론	드론 속도를 목적으로 사용

다섯째, 카메라의 성능과 모터의 성능 및 조종기 성능에 따른 드론의 종류

분류	사용 목적
▸ 완구용 드론	드론 비행 연습 및 취미 활동에 사용
▸ 경기용 드론	드론 축구, 드론 경주 등에 사용
▸ 촬영용 드론	방송, 유튜브, 사진 촬영, 취미 생활에 사용
▸ 산업용 드론	전문 촬영, 택배 배송, 해양 구조, 농약 살포 등에 사용되는 전문 드론으로 업무에 사용

여섯째, 우리나라 국가 기술평가원 국가표준(KS W9000)에 따른 드론의 종류

운용고도에 의한 분류	
분류	상승 한도(km)
저고도 무인 비행체	0.15
고고도 무인 비행체	20

에너시원에 의한 분류	
분류	사용 엔진
화석 연료 무인 비행체	왕복기관, 디빈 기관
축전지 무인 비행체	전기보터
수소연료 무인 비행체	왕복기관 또는 전기모터
하이브리드 무인 비행체	내연기관과 전기모터
태양광 무인 비행체	태양전지

최대 이륙 중량에 의한 분류		
대분류	**세분류**	**최대이륙 중량**
대형 무인항공기	-	600kg 초과
중형 무인항공기	-	150kg 초과 600kg 이하
무인 동력 비행 장치	중소형 무인 동력 비행 장치	25kg 초과 150kg 이하
	소형 무인 동력 비행 장치	2kg 초과 25kg 이하
	초소형 무인 동력 비행 장치	2kg 이하

이착륙 방식에 의한 분류	
분류	**형상 예**
수직 이착륙 무인 비행체	회전익, 틸트 로터, 꼬리 이착륙, 무인 비행체
활주 이착륙 무인 비행체	고정익, 틸트 로터, 무인 동력 패러글라이더, 무인 동력 행글라이더
보조 장치 이착륙 무인 비행체	발사대 이륙 또는 손으로 던지는 방식의 고정익

일곱째, 미 국방성(US Department of Defense, DoD)에 의한 드론의 종류

형태 (category)	크기 (Size)	최대 총이륙 무게 (Maximum Gross Takeoff Weight (lbs))	정상 운영 고도 (Normal Operating Altitude (ft))	드론의 속도 (Airspeed (knots))
Group 1	small	0~20	〈 1,200	〈 100
			Above Ground Level	
Group 2	medium	21~55	〈 3,500	〈 250
Group 3	large	〈 1,320	〈 18,000	
Group 4	larger	〉 1,320	Mean Sea Level	Any airspeed
Group 5	largest		〉 18,000	

2. 촬영용 드론의 구성 장치와 기능

지구를 지향하며 고성능 광학 전자 카메라 시스템을 장착하여 사진을 촬영하는 지구관측위성 시스템은 일반적으로 우주발사체, 지구관측위성, 위성 관제시스템, 위성 영상 처리 분배 시스템으로 구성된다. 우주발사체는 지구 관측 위성을 우주공간 목표 궤도에 옮기는 우주 수송 시스템이다. 위성 본체는 지구 관측 위성을 우주공간에서 주어진 임무를 수행할 수 있도록 지원하는 시스템이다. 위성 본체는 구조계, 열 제어계, 전력계, 자세제어계, 원격 측정 명령계, 추진계로 구성된다(은종원, 조황희, 2014). 위성 탑재체는 지구 관측 위성이 목표 궤도에서 지구상의 목표물을 촬영할 수 있도록 고안된 고성능 광학 전자 카메라, 적외선 카메라, 혹은 SAR(Synthetic Aperture Radar; 개구면 레이다) 등으로 구성된 과학 장비(Scientific Instrument)이다. 위성 관제시스템은 지구 관측 위성으로부터 원격 측정 데이터를 수신하여 지상에서 위성의 건강 상태를 감시하고 필요시에 원격 명령을 수행하는 제어하는 시스템이다. 위성영상 처리 분배 시스템은 지구 관측 위성이 촬영한 영상을 부가가치 있게 처리하여 사용자에게 배포하는 시스템이다.

일반적으로 드론을 구성하는 주요 장치는 드론 기체, 조종기 그리고 배터리로 세분된다.

1) 드론 기체

본 책에서 소개되는 항공 촬영용으로 사용될 DJI Mini 2 SE 드론 기체는 조종기 기준 최대 거리 6Km 비행을 자랑하고 지능형 플라이트 배터리(Intelligent Flight Battery) 규격상 최장 31분 비행이 가능하지만 드론 기체의 안전을 위해 500m 내외로 비행할 것을 권한다.

- 항공 촬영에 필요한 DJI Mini 2 SE 드론(이하 촬영용 드론) 기체의 구성 장치는 다음 형상과 같다.

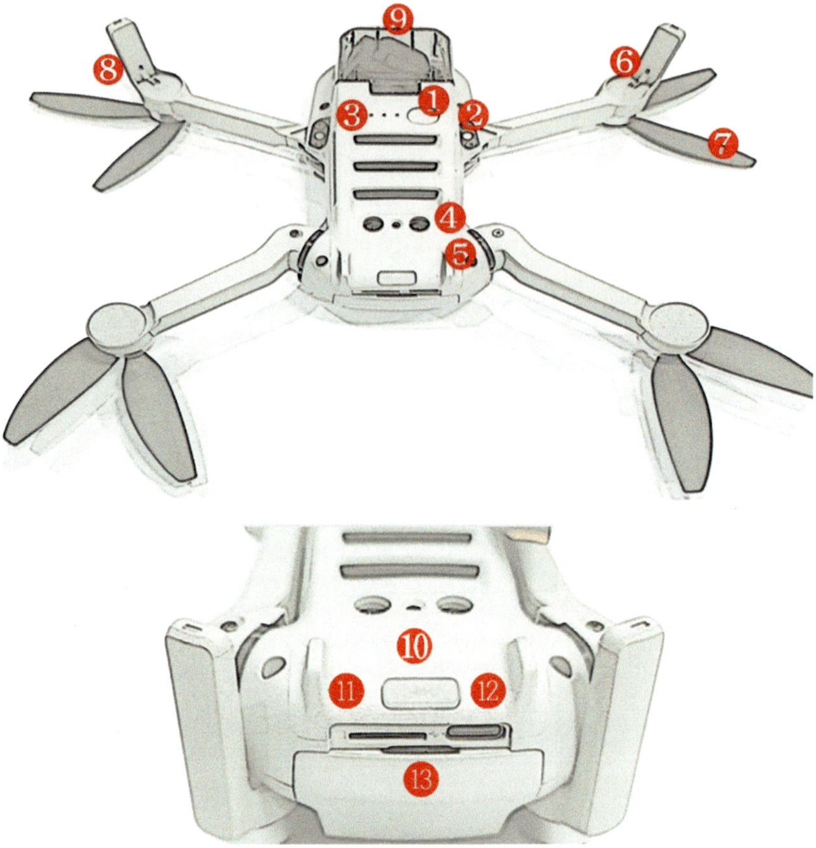

촬영용 드론 기체의 구성 장치의 형상

[출처: dji.com, 2023.]

❶ 짐벌 및 카메라

❷ 전원 버튼

❸ 배터리 잔량 LED

❹ 하향 비전 시스템

❺ 적외선 감지 시스템

❻ 모터

❼ 프로펠러

8 안테나
9 전방 LED
10 배터리 함 덮개
11 USB-C 포트
12 micro SD 카드 슬롯
13 기체 상태 표시등/QuickTransfer 버튼

■ 촬영용 드론 기체의 주요 기능은 다음과 같다.

① 짐벌 및 카메라:

드론이 비행할 때 드론 기체는 상하(Pitch) 흔들림, 좌우 흔들림(Roll), 회전 요동(Yaw) 등으로 움직이게 된다. 이때 짐벌은 기체의 몸체가 흔들리더라도 움직임을 빨리 감지하여 역방향으로 감쇄시켜 카메라가 안정적으로 자세를 유지할 수 있게 한다.

촬영용 드론의 기체는 3축 짐벌을 사용하여 카메라를 안정시켜 선명하고 안정적인 이미지와 동영상을 촬영하게 한다. 제어 가능 틸트 범위는 -90° ~ +20°이다. 기본 제어 틸트 범위는 -90° ~ 0°이다. DJI Fly 앱(App, Application)에서 "상향 짐벌 회전 허용"을 활성화해서 -90° ~ +20°까지 확장할 수 있다.

DJI Fly APP는 스마트폰, 태블릿, 패드 등 모바일 기기에 설치되어 드론 기체의 운행과 세팅을 할 수 있게 지원해준다.

■ 짐벌 작동 모드

짐벌 작동 모드는 두 가지가 있다.

• 팔로우 모드:

짐벌 방향과 기체 전면 사이의 각도가 항상 일정하게 유지된다.

• FPV (First Person View)모드:

짐벌이 기체의 움직임과 동기화되어 일인칭 비행 경험을 제공한다.

■ 카메라

드론의 비행 목적은 탑재체(페이로드)를 장착하고 비행하는 것이다. 페이로드(payload) 종류가 군사용이면 군사용 드론이, 민수용이면 민수용 드론이 된다. 페이로드는 드론의 사용 목적에 따라서 여러 종류의 임무 탑재 장비(payload)가 탑재될 수 있다. 원격 탐사 및 사진측량을 위해서는 비디오카메라, 다중분광 센서(multispectral sensor), 초분광 센서(hyperspectral sensor), 적외선 카메라, 초음파 센서, 라이다(Lidar), SAR 등 각종 센서가 장착될 수 있다.

카메라는 드론 기체에 장착되어 항공 촬영 임무를 수행하는 장치로 지구관측위성의 페이로드에 해당하는 장치이다.

촬영용 드론은 1/2.3" 상보성 금속산화막 반도체(Complementary Mental-Oxide Semiconductor: CMOS) 센서 카메라를 사용한다. 이 카메라는 최대 2.7K(동영상 해상도) 동영상과 12 MP(Mega Pixel, 3000 x 4000) 사진을 촬영할 수 있다. CMOS 센서 카메라는 단일, 자동비상 정지 장치(Autonomous Emergency Braking System: AEB), 타이머 촬영, 파노라마와 같은 촬영 모드를 지원한다. CMOS 센서 카메라의 조리개는 F2.8(F값은 조리갯값으로 렌즈의 초점 거리를 렌즈의 구경으로 나눈 비율로 결정됨)이며 1m ~ ∞에서 촬영할 수 있다.

■ 사진 및 동영상 저장

촬영용 드론은 micro SD 카드를 사용하여 사진 및 동영상을 저장한다.

② 전원 버튼

전원 버튼을 한 번 누른 다음 2초 동안 다시 길게 누르면 배터리가 켜지거나 꺼진다. 전원 버튼을 한 번 누르면 4개의 배터리 잔량 LED가 3초 동안 깜박인다. 전원 버튼을 누르지 않고 LED 3 및 LED 4가 동시에 깜박이면 배터리가 비정상임을 나타낸다.

③ 배터리 잔량 LED

배터리 잔량 확인 전원 버튼을 한 번 눌러 배터리 잔량을 확인한다. 배터리 잔량 LED는 기체가 켜져 있을 때 배터리 잔량을 표시한다.

④ 하향 비전 시스템

촬영용 드론 기체에는 하향 비전 시스템이 장착되어 있다. 하향 비전 시스템은 하나의 카메라로 구성된다. 하향 비전 시스템은 기체가 현재 위치를 유지하고, 제자리에서 더욱 정밀하게 호버링(hovering, 공중 정지 자세)을 한다. 하향 비전 시스템은 실내 또는 GPS를 사용할 수 없는 기타 환경에서도 비행할 수 있도록 지원한다.

GPS를 사용할 수 없을 때, 표면이 깨끗한 질감이고 충분한 빛이 있는 경우 하향 비전 시스템이 활성화된다. 하향 비전 시스템은 기체가 0.5~10m 고도에 있을 때 가장 잘 작동한다. 기체의 고도가 10m를 넘으면 비전 시스템에 영향을 줄 수 있다.

⑤ 적외선 감지 시스템(Infra Red Sensor System)

촬영용 드론 기체에는 적외선 감지 시스템이 장착되어 있다. 적외선 감지 시스템은 2개의 3D 적외선 모듈로 구성된다. 적외선 감지 시스템은 기체가 현재 위치를 유지하고, 제자리에서 더욱 정밀하게 제자리 비행을 한다. 적외선 감지 시스템은 실내 또는 GPS를 사용할 수 없는 기타 환경에서도 비행할 수 있도록 지원한다.

⑥ 모터

모터는 드론 기체의 추진력을 제공한다. 드론에 사용되는 모터는 회전력과 토크가 큰 브러쉬리스(brushless) 모터를 사용한다.

브러시리스 모터는 강한 힘을 제공한다. 모터 축마다 색으로 구분해서 프로펠러가 잘못 장착되지 않도록 한다.

⑦ 프로펠러

프로펠러는 회전력을 전진력으로 변환하여 드론의 추진기관으로 사용되는 장치이다. 프로기체의 크기와 프로펠러의 직경은 비례한다. 프로펠러의 피치 각이 클수록 기체 비행 속도는 빨라진다. 촬영용 드론 기체에는 두 유형의 프로펠러가 있으며 서로 다른 방향으로 회전하도록 실게되있다. 하나의 모터에 부착되는 두 개의 블레이드는 같다.

⑧ 안테나

기능상 최대 10Km까지의 전송범위를 가지며 영상신호와 기체 제어를 위한 신호 수신을 담당하는 장치이다.

⑨ 전방 LED

전방 LED는 기체 전면 방향을 알 수 있게 한다.

⑩ 배터리 함 덮개

배터리 함 덮개는 촬영용 드론 기체의 지능형 플라이트 배터리(Intelligent Flight Battery)는 스마트 충전/방전 기능이 있는 7.7V, 2,250mAh 배터리를 보호해주는 역할을 한다.

⑪ USB-C 포트

USB-C 포트는 USB 커넥터의 특정 규격을 의미하며 USB Type-C라고도 불리는 USB-C는 일종의 범용 직렬 버스(USB)의 하드웨어 인터페이스 형식이다. USB-C 포트는 일반적인 Android 휴대폰의 충전 포트이다.

⑫ micro SD 카드 슬롯

Micro SD Card Slot(Micro Secure Digital Slot)는 촬영용 드론에서 사용할 수 있는 소형 확장 슬롯이다. Micro SD Card 슬롯은 Micro SD Card를 삽입하여 사용 가능한 메모리를 증가시킨다.

⑬ 기체 상태 표시등/QuickTransfer 버튼

• 기체 상태 표시등

촬영용 드론 기체는 전방 LED 및 기체 상태 표시등을 갖추고 있다.
전방 LED는 기체의 방향을 보여주며 기체의 전원이 켜질 때 흰색 펄스로 깜박인다.
기체 상태 표시등은 기체의 비행 제어장치 시스템의 상태를 보여준다.

• QuickTransfer 버튼

촬영용 드론 기체는 Wi-Fi를 통하여 모바일 기기에 직접 연결될 수 있다. 사용자가 조종기를 사용하지 않고도 DJI Fly APP를 통하여 기체에서 모바일 기기로 사진과 동영상을 내려받을 수 있다. 사용자는 최대 20MB/s의 전송 속도로 더 빠르고 편리하게 내려받을 수 있다.

Keynote Navigator

FPV

FPV는 First Person View 약자로 드론에 올라탄 듯한 일인칭 시점의 카메라에서 실시간으로 전송되는 영상을 스마트폰 등 별도의 화면으로 보며 비행하는 것을 의미한다.

Keynote Navigator

GPS (Global Position System)

GPS는 인공위성을 이용한 전 세계 위치를 결정하는 것으로 정확한 위치를 알고 있는 위성에서 발사한 전파를 드론에서 수신하여 관측점까지 소요 시간을 관측함으로써 관측점의 3차원 좌표 및 세계시를 구하는 위성항법시스템이다.
지구 위에는 약 30개의 GPS 위성이 운행하고 있다. 이들 위성이 지구의 6개 궤도면에 4개씩 배치되어 있어 전 세계 어디에서도 최소 6개의 GPS 위성을 관측할 수 있다. 나머지 6개 위성은 24개 위성에 문제가 생겼을 때 백업(Back-up) 임무를 수행한다. GPS 위성 수명은 약 8~10년이다.

■ 촬영용 드론 기체의 주요 규격은 다음 표와 같다.

촬영용 드론 기체의 주요 규격

구분			규격
기체	이륙 무게		〈249 g
	크기		펼쳤을 때 (프로펠러 포함): 245×289×56mm (L×W×H)
	대각선 길이		213 mm
	최대 실용 상승 한계 고도 (해발)		4,000m (지능형 플라이트 배터리 포함)
	최대 비행시간		31분 (무풍 환경에서 4.7m/s 속도를 유지하며 비행했을 때 측정된 값)
	작동 온도 범위		0~40 ℃
	작동 주파수		2.400~2.4835 GHz, 5.725~5.850 GHz
	송신기 출력 (EIRP)		2.400~2.4835 GHz FCC: ≤26 dBm 5.725~5.850 GHz FCC: ≤26 dBm
	GNSS		GPS+GLONASS+GALILEO
	짐벌	제어 가능 범위	틸트(Tilt): −90° ~ 0° (기본 설정), −90° ~ 20° (확장)
		안정화 시스템	3축 (틸트, 롤, 팬)
	감지 시스템	하향	제자리 비행 범위: 0.5~10m
	카메라	렌즈	FOV: 83° 35mm 환산: 24 mm 조리개: f/2.8 촬영 범위: 1 m ~ ∞
		ISO 범위	동영상: 100~3200 (자동), 100~3200 (수동) 사　진: 100~3200 (자동), 100~3200 (수동)
		동영상 파일 형식	MP4 (H.264/MPEG-4 AVC)
		전자 셔터 속도	전자 셔터: 1/8000~4초
		동영상 저장 비트 전송률	100 Mbps
		동영상 해상도	4K (3840×2160): 24/25/30 fps 2.7K (2720×1530): 24/25/30/48/50/60 fps FHD (1920×1080): 24/25/30/48/50/60 fps

[출처: dji.com]

2) 조종기(Controller)

조종기는 무선송수신기의 일종으로 일정 거리 떨어져 있는 드론 기체와 무선으로 전파신호를 송신하고 수신하는 장치이다. 무선송수신기는 송신기와 수신기로 구분되며 조종기는 송신기에 해당하고 드론 기체의 수신부는 수신 역할을 하여 드론 기체가 조종사의 조종대로 비행 되도록 설계·제작된 장치이다

3) 배터리(Battery)

배터리는 화학적 에너지를 전기적 에너지로 변환해 주는 장치로 1차 전지와 2차 전지로 구분된다. 1차 전지는 방전 후 다시 충전할 수 없는 전지이다. 2차 전지는 충전과 방전 과정을 계속할 수 있는 전지이다. 2차 전지에는 니켈 카드뮴 배터리, 니켈수소 배터리, 리튬이온 배터리, 리튬폴리머 배터리, 리튬페라이트 배터리 등이 있으며, 무인 비행 장치 배터리로 리튬폴리머 배터리가 가장 많이 사용되고 있다. 리튬폴리머 배터리는 3.7V 높은 기전력을 가지고 있다. 하지만 주변 온도 및 자체 온도 변화에 따라 성능 폭이 크므로 주의와 안전한 관리가 필요하다.

다음 그림은 촬영용 드론의 지능형 플라이트 베터리 시스템의 형상이다.

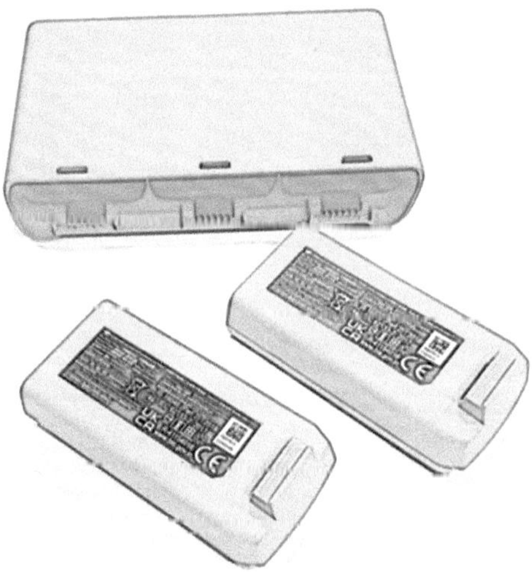

촬영용 드론 지능형 플라이트 베터리 시스템
[출처: dji.com, 2023]

Keynote Navigator

GALILEO(갈릴레오) 시스템

GALILEO 시스템은 2016년에 운용된 지구 항법 위성 시스템(GNSS)이다.
GALILEO 시스템은 유럽 우주국(ESA)을 통해 유럽 연합이 만들었고, 유럽 연합(EU) 우주 프로그램 기구(EUSPA)가 운영하며, 본사는 체코 프라하에 있다.
GALILEO 시스템은 미국 GPS 혹은 러시아 GLONASS 시스템에 의존할 필요가 없는 독자 항법 위성시스템이다. GALILEO 시스템의 저정밀 서비스의 사용은 무료이며 모든 사람에게 개방된다. 완전히 암호화된 고정밀 서비스는 정부 공인 사용자에게 무료로 제공된다. Galileo 시스템의 주요 임무는 1m 정밀도 내에서 수평 및 수직 위치 측정 정보를 제공하는 것이다. 갈릴레오 시스템은 GPS 보다 정확도가 높으며, 방송 천체력(GPS: 3m)을 사용할 때 정확도가 1m 미만이고 위성 궤도 및 시계에 대한 실시간 보정을 한다.

제3장 드론 비행 및 조종 원리와 비행 모드

1. 드론 비행 원리

지구상에 있는 모든 질량을 가진 물체는 지구 중력장의 영향을 받아 지구 중심 방향으로 힘을 받는다.
드론을 이륙한다는 것은 중력에 맞서는 방향으로 힘을 발생시킨다면 이륙할 수 있다.
고정익형 드론과 같이 비행하는 물체에는 양력(lift, 위로 들어 올리는 힘), 추력(thrust, 앞으로 밀어내는 힘), 항력(drag, 공기가 뒤로 끄는 힘), 중력(weight, 지구가 당기는 힘) 이렇게 4가지 힘이 작용한다. 비행기가 비행하고 있을 때 비행기에 작용하는 네 가지의 힘 가운데 비행기를 공중으로 날 수 있게 하는 힘이 양력(Lift)이다.

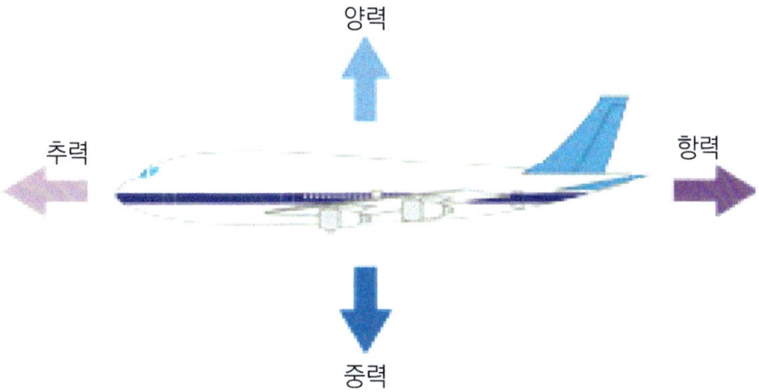

비행기에 작용하는 4가지의 힘

비행기 날개 단면을 보면 위쪽이 불룩하고 아래쪽이 평평하게 생긴 것을 볼 수 있다. 위쪽으로 스쳐 가는 공기는 돌아서 가야 하므로 속도가 훨씬 빨라진다. 따라서 비행기 날개 위쪽 압력이 낮아지면서 아래쪽의 높은 압력으로 인해 비행기가 상승하게 되는데 이를 양력이라 한다(한국항공우주학회, 2005).

"베르누이의 원리"를 보면 유체역학에서 유체의 유속이 빨라지면 그 유체가 점유하고 있는 공간의 압력이 낮아진다(Raymond A. Serway, John W. Jewett., 2018). 속도가 빠르면 빠를수록 비행기 위아래에 작용하는 압력의 차이는 점점 벌어진다. 이러한 작용으로 생겨난 힘이 바로 양력이다. 양력이 비행기의 무게와 같으면 같은 높이로 날고, 비행기의 무게보다 크면 위로 올라가고, 작으면 아래로 내려온다. 양력은 비행기의 속도와 공기의 흐름, 날개의 크기, 모양 등에 따라 달라진다.

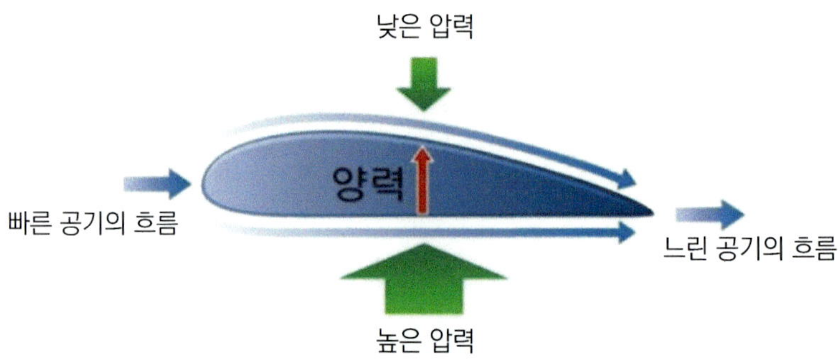

베르누이 정리

Keynote Navigator

다니엘 베르누이

다니엘 베르누이는 네덜란드 흐로닝언 출생의 스위스 물리학자 겸 수학자이다. 그는 1738년에 펴낸 저서 《유체역학》에서 베르누이의 정리를 발표하였다. 이를 통해 유체역학을 식으로 정리하여 연구할 수 있는 토대를 마련하였다.

드론을 띄우는 또 하나의 힘은 작용-반작용력이다. 즉, 뉴턴의 제3 법칙 "작용-반작용 법칙"이다. 회전익 드론의 프로펠러는 에어포일(Airfoil, 날개골) 형태로 되어 있어 양력이 잘 발생하도록 하여준다.

프로펠러가 공기를 밀어내면(작용) 공기도 프로펠러를 밀게 된다(반작용). 이것은 작용-반작용 법칙 때문이다. 따라서 프로펠러 아래쪽으로 바람이 불도록 경사지게 해놓으면 드론이 아래쪽으로 공기를 밀어내면서 공기가 드론을 위쪽으로 밀어 상승하게 되며 드론은 공중으로 뜰 수 있게 된다.

회전익 드론의 비행 원리를 이해하는데 반 토크 현상은 매우 중요하다.
반 토크 현상이 없다면 드론은 제자리 비행(호버링)이 불가능하기 때문이다.

그래서 회전익 드론의 비행 원리는 헬리콥터와 다르다. 헬리콥터는 변동 피치로 이동하지만,

드론은 고정피치로 이동한다. 고정피치와 변동 피치의 차이는 변동 피치는 프로펠러의 기울기를 가지고 이동하는 구조이다.
반 토크 현상은 프로펠러의 회전 방향에 의한 토크 작용으로 반대편 프로펠러의 회전 방향을 반대로 돌려줌으로써 토크를 서로 상쇄시켜주는 구조를 의미한다.

따라서 드론의 비행 원리는 뉴턴의 제3법칙과 반 토크 현상으로 비행하는 원리라 할 수 있다. 그래서 드론은 진행 방향으로 기울면서 이동하게 된다. 결국 드론은 4개 프로펠러의 모터의 속도(회전수)를 조절하여 드론을 이동시키게 된다.

2. 비행 조종 원리

본 장에서는 공중에 띄워진 드론 조정 원리에 대해 살펴보기로 한다.

일반적으로 가장 많이 쓰는 드론인 쿼드콥터를 기준으로 드론의 프로펠러 회전 방향을 보면 드론의 프로펠러는 회전 방향이 정해져 있다.

전방 좌측과 후방 우측의 프로펠러는 시계방향으로 회전하고, 전방 우측과 후방 좌측의 프로펠러는 반시계 방향으로 회전하게 된다. 프로펠러 회전에 맞추어서 프로펠러 경사가 정해져 있으므로 프로펠러를 조립할 때 정확히 구분하고 조립해야 한다.

예를 들어 A 프로펠러를 B 모터에 끼우면 경사 방향이 반대여서 위쪽으로 공기를 밀어내게 된다. 즉, 드론을 띄울 때 한 방향으로 회전하게 된다.

쿼드콥터 드론의 프로펠러가 모두 같은 방향으로 회전할 때 이것은 작용-반작용 때문이다. 예를 들면 헬리콥터 프로펠러가 돌아 헬리콥터가 공중으로 상승하게 되면 작용-반작용으로 헬기 몸체가 프로펠러와 반대 방향으로 돌게 된다. 프로펠러가 반시계 방향으로 돌게 되면 기체는 시계방향의 torque(토크: 회전력)를 받게 된다

쿼드콥터 드론은 4개의 프로펠러를 사용하여 토크-반 토크의 균형이 이루어진다. 이 상태에서

프로펠러의 회전속도를 빠르게 증가시키면 양력이 발생하여 드론은 수직 상승이 이루어지게 된다. 회전속도를 느리게 되면 양력과 중력이 균형을 유지하게 되어 드론은 호버링 상태를 이루게 된다. 회전속도를 더욱더 느리게 만들면 양력보다 중력이 커지게 되어 드론은 수직으로 하강하게 된다.

3. 드론의 비행 모드(Mode)

드론의 비행 모드의 원리는 다음과 같다.

쿼드콥터의 프로펠러 2개는 시계방향으로, 2개는 반시계 방향으로 회전한다. 프로펠러는 서로 대각선으로 회전 방향이 일치하며 서로 다른 방향으로 회전하면서 양력을 발생시키고 상승 및 공중에서 정지하는 호버링 상태를 유지할 수 있다.

다음 그림에는 일반적인 쿼드콥터 드론의 프로펠러 회전 방향을 나타내었다.

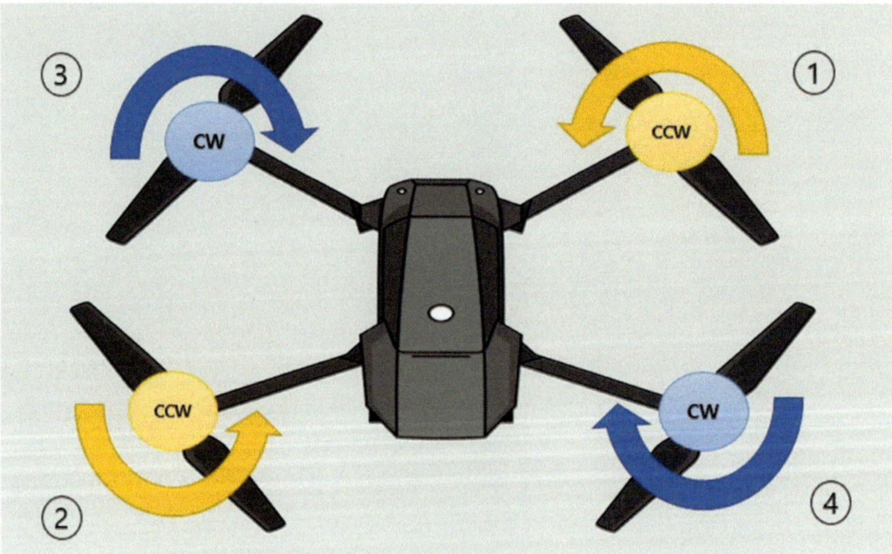

쿼드콥터 드론의 프로펠러 회전 방향

- 상승(Ascend) 비행 Mode:
  드론이 상승하려면 4개의 모터의 출력이 같아야 한다. 또한 4개의 모터가 고속으로 회전하면 드론은 수직으로 상승한다.

- 하강(Descend) 비행 Mode:
  4개의 모터가 저속으로 회전하면 드론은 수직으로 하강한다.

- 호버링(Hovering) 비행 Mode:
  4개의 모터가 중력과 평형인 양력을 만들어내는 정도의 속력으로 회전하면 드론은 정지한 상태로 제자리 비행을 하게 되는 호버링(hovering) 비행을 하게 된다.

- 전진 비행 Mode:
  전방의 ①, ③번 모터보다 후방의 ②, ④번 모터를 빠르게 회전시키면 토크가 상쇄된 상태에서 후방모터에서 생긴 추력에 의해 드론은 전방으로 비행하게 된다.
  이때 드론의 모습을 측면에서 보면 ②, ④번 후방모터가 고속으로 회전하며 드론의 동체가 전방으로 기울어진 형태가 된다. 이렇게 드론 면이 기울어지게 되면 드론이 수평을 이루고 있을 때보다 상승하려는 양력이 약해지는데, 이 양력이 중력과 평형을 이루게 되면서 일정한 고도를 유지하게 된다. 이때 앞으로 나가려는 추진력이 남게 되므로 드론이 전방으로 전진하게 된다.

- 후진 비행 Mode:
  후방의 ②, ④번 모터보다 전방의 ①, ③번 모터를 빠르게 회전시키면 토크가 상쇄된 상태에서 전방 모터에서 생긴 추력에 의해 드론은 후방으로 비행하게 된다.

- 좌측 이동(Roll Left)비행 Mode:
  좌측의 ②, ③번 프로펠러의 회전수를 높이면 드론 기체는 좌로 기울어지면서 좌측으로 비행하게 된다.

- 우측 이동(Roll Right)비행 Mode:
  우측의 ①, ④번 프로펠러의 회전수를 높이면 드론 기체는 우로 기울어지면서 우측으로 비행하게 된다.

- 좌회전(Yaw Left) 비행 Mode:
  반시계 방향(CCW: Counter Clock Wise)으로 회전하는 ①, ②번 모터가 저속으로 회전할 때, 시계방향(CW: Clock Wise)으로 회전하는 ③, ④번 모터가 고속으로 회전하면 실제 회전이 CW가 되므로, CCW 방향으로 토크가 발생하여 드론 기체는 CCW 방향으로 회전하게 된다.

- 우회전(Yaw Right) 비행 Mode:
  CW로 회전하는 ③, ④번 모터가 저속으로 회전할 때, CCW로 회전하는 ①, ②번 모터가 고속으로 회전하면 실제 회전이 CCW가 되므로, CW 방향으로 토크가 발생하므로 드론 기체는 CW 방향으로 회전하게 된다.

제2부

촬영용 드론의 조종기 및 배터리

제2부 촬영용 드론의 조종기 및 배터리

제1장 조종기 제어 핵심 사항

1. 조종 전 숙지 사항

초경량 무인항공기에 속하는 드론은 우리나라에서 제정한 항공법을 마땅히 따라야 한다. 드론에 대한 조정자 준수사항은 안전과 보안, 시설물 보호 등에 목적이 있다.

항공법 제23조 제5항 및 같은 법 시행규칙 68조에 근거한 드론 조종자 준수사항은 다음과 같다.

- 인명이나 재산에 위험을 초래할 우려가 있는 낙하물을 투하하는 행위
- 인구가 밀집된 지역 기타 사람이 운집한 장소의 상공에서 인명 또는 재산에 위험을 초래할 우려가 있는 행위
- 비행계획의 승인을 얻지 아니하고 무인 비행 장치 비행제한공역에서 비행하거나 관제권·비행금지구역에서 비행하는 행위.
- 사전허가 없이 고도 150m 초과 비행 행위
- 사전허가 없이 이륙 증량 기준으로 25kg 이상의 기체 비행 행위
- 안개 등으로 인하여 지상 목표물을 맨눈으로 식별할 수 없는 상태에서 비행하는 행위

- 일몰 시부터 일출 시까지의 야간에 비행하는 행위
- 음주·약물복용 상태 및 비정상적인 상태나 방법에 따라 비행하는 행위
- 항공기, 경량 항공기 및 무동력 초경량 비행 장치에 진로를 양보하지 않는 비행
- 해당 무인 비행 장치를 맨눈으로 식별할 수 없는 상태에서 비행

초경량비행장치(드론) 조종자의 준수사항		
초경량비행장치 조종자는 항공기 또는 경량항공기를 육안으로 식별하여 미리 피할 수 있도록 주의하여 비행	비행 중 주류 등을 섭취하거나 사용하는 행위 금지	인명이나 재산에 위험을 초래할 우려가 있는 낙하물을 투하(投下)하는 행위 금지
초경량비행장치 조종자는 모든 항공기, 경량항공기 및 동력을 이용하지 아니하는 초경량비행장치에 대하여 진로를 양보하여야 함.	주거지역, 상업지역 등 인구가 밀집된 지역이나 그 밖에 사람이 많이 모인 장소의 상공에서 인명 또는 재산에 위험을 초래할 우려가 있는 방법으로 비행하는 행위 금지	사고나, 분실을 대비하여 미리 드론 장치 내 소유자 이름·연락처 기재 해야함.
일몰 후부터 일출 전까지의 야간에 비행하는 행위 금지	관제권 또는 비행금지구역이 아닌 곳에서 최저비행고도(150미터) 미만의 고도에서 비행하는 행위 금지	• 비행장으로부터 반경 9.3 km 이내인 곳 : "관제권"이라고 불리는 곳으로 이착륙하는 항공기와 충돌위험 있음 • 비행금지구역 (휴전선 인근, 서울도심 상공 일부, 원전 주변) : 국방, 보안상의 이유로 비행이 금지된 곳

드론 조종자의 준수사항
[출처: https://www.droneportal.or.kr/subList/]

12kg 이하의 무인 비행 장치로 비행할 때 비행금지구역을 제외한 지역에서는 비행 허가를 받아야 하는 조건은 없다. 12kg 이하의 무인 비행 장치에 카메라가 장착되어 있으면 국방부 허가를 받아야 한다. 비행 금지 장소에서 드론을 비행하려면 반드시 지방항공청과 국방부의 허가를 받아야 한다.

드론 촬영을 영리 목적으로 하는 사람 혹은 회사는 반드시 항공청에 드론 기체 신고를 하고 초경량 비행 장치 사용 사업을 등록하여야 한다. 만약 신고하지 않고 영리 목적으로 드론 촬영 사업을 하였을 때는 1년 이하의 징역 또는 3,000만 원 이하의 벌금에 처하게 된다. 드론 조종자가 준수사항을 위반하고 비행한 자는 200만 원 이하의 과태료 처분을 받게 된다.

2. 촬영용 드론의 조종기 구조 및 기능

촬영용 드론(DJI Mini 2 SE)의 조종기에는 DJI의 고도화된 WiFi 기술이 탑재되어 있어 2.4GHz 및 5.8GHz의 전송 주파수를 제공한다. 또한 조종기는 2km의 최대 전송 거리와 기체에서 모바일 기기(예, 스마트폰)의 DJI Fly 앱으로 720P[(1280x720)의 해상도를 가지며 HD 영상으로 P는 순차 주사(progressive)를 의미함] 비디오 다운 링크가 가능하다. 조종기의 조종 스틱은 분리할 수 있어 조종기를 더 쉽게 보관할 수 있다. 조종기의 내장 배터리 용량은 2,600mAh이다.

조종기는 iOS 기기를 사용할 때 최대 4.5시간의 작동 시간을, Android 기기를 사용할 때 1시간 40분의 작동 시간을 지원한다. 조종기는 500mA@5V의 충전 기능으로 Android 기기(예, 삼성 스마트폰)를 충전한다.

촬영용 드론 조종기의 구조는 다음 형상과 같다.

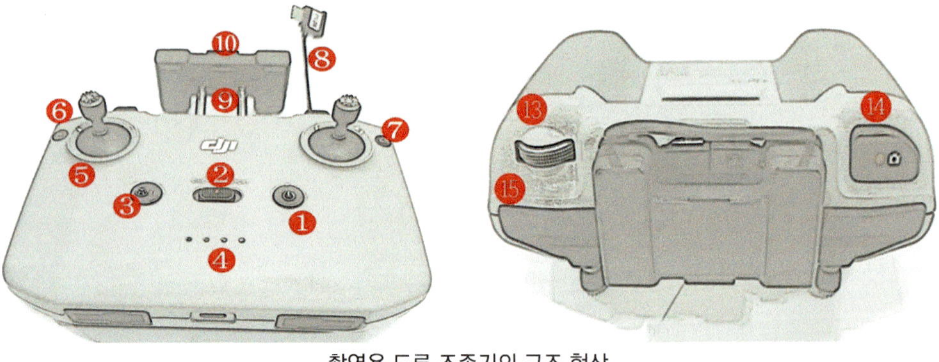

촬영용 드론 조종기의 구조 형상

[출처: dji.com, 2023]

- 촬영용 드론 조종기 잡는 방법

  자동차를 운전할 때 운전대를 잘 잡고 운전하는 습관은 매우 중요하다. 운전대를 불완전하게 잡고 운전하게 되면 사고 위험이 커지기 때문이다.

  이와 마찬가지로 드론 조종 기술을 습득하는 초보자는 조종기 잡는 방법이 익숙할 때까지 드론 조종을 피하는 것이 좋을 듯하다. 왜냐하면 드론 레버에 손가락을 제대로 놓지 않은 상태로 드론을 조작하면 드론 기체는 똑바로 움직이지 못하고 한쪽으로 기울어지거나 해서 정확한 드론 기체의 조종을 어렵게 만든다. 드론 조종기를 올바르게 잡는 방법은 양손의 검지를 조종기 오른쪽과 왼쪽 상단에 감싸듯 올려두고 엄지손가락은 레버 헤드(Lever Head) 위에 수평 되게 올리고 나머지 손가락은 조종기 하단을 떠 바친다.

■ 촬영용 드론 조종기의 각 기능은 다음과 같다.

① 전원 버튼

전원 버튼을 한 번 누르면 현재 배터리 잔량이 표시된다. 전원 버튼을 한번 누른 다음 다시 길게 누르면 조종기가 켜지거나 꺼진다.

② 비행 모드 전환 스위치

비행 모드 전환 스위치는 스포츠, 일반, Cine 모드를 전환한다.
스위치를 전환하여 원하는 비행모드(스포츠 모드, 일반 모드, Cine 모드)를 선택할 수 있다.
처음 입문하는 드론 조종자는 일반 모드를 선택하여 드론을 비행하는 것이 안전하다.

③ 비행 일시 정지/리턴 투 홈(RTH: Return to Home) 버튼

비행 일시 정지/리턴 투 홈(RTH: Return to Home) 버튼을 한 번 누르면 기체에 제동을 걸고 호버링 상태로 전환한다. 단, GPS 또는 하향 비전 시스템을 사용할 수 있는 경우에만 가능하다. 버튼을 길게 누르면 RTH를 시작한다. 기체가 마지막으로 기록된 홈 포인트로 돌아온다. 다시 누르면 RTH가 취소된다.

기체 브레이크를 한 번 누르면 드론 기체는 제자리에서 호버링을 한다. 기체가 QuickShot, RTH 또는 자동 착륙을 수행하는 경우, 한 번 누르면 수행하던 기능을 종료한 후 정지한다. RTH를 시작하려면 조종기가 신호음을 울릴 때까지 RTH 버튼을 길게 누른다. 이 버튼을 다시 누르면 RTH 절차가 취소되고 드론 기체를 다시 직접 제어할 수 있다.

RTH를 수행하는 동안 조종기는 경고음을 울린다. 경고음은 취소할 수 있다. 조종기는 배터

리 잔량이 낮으면(6%~15%) 경고음을 울린다. 전원 버튼을 누르면 배터리 잔량 부족 경고음을 취소할 수 있다. 그러나 배터리 잔량이 심각하게 부족한 경우(5% 미만)에는 경고음을 취소할 수 없다.

드론 입문자 또는 초보자는 될 수 있으면 RTH를 사용 안 하는 것이 좋다. 다만 드론 기체가 멀리 높이 떠 눈으로 드론 기체의 위치를 확인할 수 없을 때 RTH를 사용하여야 한다.

④ 배터리 잔량 표시기

배터리 잔량 표시기는 조종기의 현재 배터리 잔량을 표시한다.

⑤ 조종 스틱

조종 스틱을 사용하여 기체 이동을 제어한다. DJI Fly 앱에서 조종 스틱 모드를 설정한다. 조종 스틱은 탈착식이며 보관이 쉽다.

이 버튼의 기능을 사용자가 설정하려면, DJI Fly에서 '시스템 설정'으로 이동하여 '제어'를 선택하여야 한다. 사용자 설정 버튼의 기능에는 짐벌 중앙 복귀 및 지도 보기와 라이브 뷰 사이 전환하기가 포함된다.

⑥ 사용자 설정 버튼

사용자 설정 버튼을 한 번 누르면 짐벌(Gimbal)을 중앙으로 복귀시키거나 짐벌을 아래로 기울인다. DJI Fly 앱에서 사용 버튼 설정이 가능하다.

이 버튼의 기능을 사용자가 설정하려면, DJI Fly에서 '시스템 설정'으로 이동하여 '제어'를 선택하여야 한다. 사용자 설정 버튼의 기능에는 짐벌 중앙 복귀 및 지도 보기와 라이브 뷰 사이 전환하기가 포함된다.

⑦ 사진/동영상 전환 버튼

사진/동영상 전환 버튼을 한 번 누르면 사진 모드와 동영상 모드를 전환한다.

⑧ 조종기 케이블

동영상 연동을 위해 조종기 케이블로 모바일 기기와 연결한다.

⑨ 모바일 기기 Holder(받침대)

모바일 기기 홀더는 모바일 기기(예, 스마트폰)를 조종기에 단단히 고정하는 데 사용된다.

⑩ 안테나

- 안테나는 기체 제어 신호 수신하고 동영상 무선 신호를 송신한다.
- 조종기 안테나는 지향성이 있고 전파 강도는 안테나의 옆 방향에서 최대가 된다.
- 안테나의 끝부분은 전파 강도가 가장 약하다.
- 드론 기체가 비행 중 일 때 송신기 안테나를 절대로 잡지 않아야 한다.
  왜냐하면 안테나를 잡게 되면 송신 출력이 극단적으로 저하되기 때문이다.

⑪ USB-C 포트

USB-C 포트는 조종기를 충전하고 컴퓨터에 연결하기 위해 사용된다.

⑫ 조종 스틱 보관 슬롯

조종 스틱 보관 슬롯은 조종 스틱을 보관한다.

⑬ 짐벌 다이얼(Gimbal Dial)

짐벌 다이얼(Gimbal Dial)은 카메라의 기울기를 제어한다. 동영상 모드에서 줌을 조정하는 데 짐벌 다이얼을 사용하려면 사용자 설정 버튼을 길게 눌러야 한다.

⑭ 셔터/녹화 버튼

셔터/녹화 버튼을 한 번 누르면 사진을 촬영하거나 녹화를 시작 또는 정지한다.

⑮ 모바일 기기 슬롯

모바일 기기 슬롯은 모바일 기기(예, 삼성 스마트폰)를 고정하는 데 사용된다.

■ 촬영용 드론 조종기의 주요 규격은 다음과 같다.

촬영용 드론 조종기의 주요 규격

구분	규격
작동 주파수	2.400~2.4835 GHz, 5.725~5.850 GHz
최대 전송 거리(전파 인증 범위) (장애물과 간섭이 없을 시)	10km (FCC), 6km (CE), 6km (SRRC), 6km (MIC)
신호 전송범위 (FCC)	강한 간섭 (도시 지역, 시야 제한, 간섭 신호 많은 곳): 약 3km 보통 간섭 (교외 지역, 오픈된 시야, 간섭 신호 약간 있는 곳): 약 6km 약한 간섭 (탁 트인 지역 및 시야, 간섭 신호 거의 없는 곳): 약 10km
작동 온도 범위	-10~40 °C
송신기 출력 (EIRP)	2.400-2.4835 GHz: 〈26 dBm (FCC), 〈20 dBm (CE/SRRC/MIC) 5.725-5.850 GHz: 〈26 dBm (FCC), 〈23 dBm (SRRC), 〈14 dBm (CE)
배터리 용량	5,200 mAh
작동 전류/전압	1200 mA 3.6 V (Android) 700 mA 3.6 V (iOS)
동영상 전송 시스템	OcuSync 2.0
최대 비트 전송률	8 Mbps

[출처: dji.com]

3. 촬영용 조종기 제어 모드

조종 스틱은 기체의 방향(팬), 전진/후진(피치), 고도(스로틀) 및 좌측/우측 이동(롤)을 제어한다. 조종 스틱 모드는 각 조종 스틱을 움직일 때 수행되는 기능을 결정한다.

촬영용 드론의 조종기 제어 스틱 모드 2는 다음과 같은 기능이 있다.

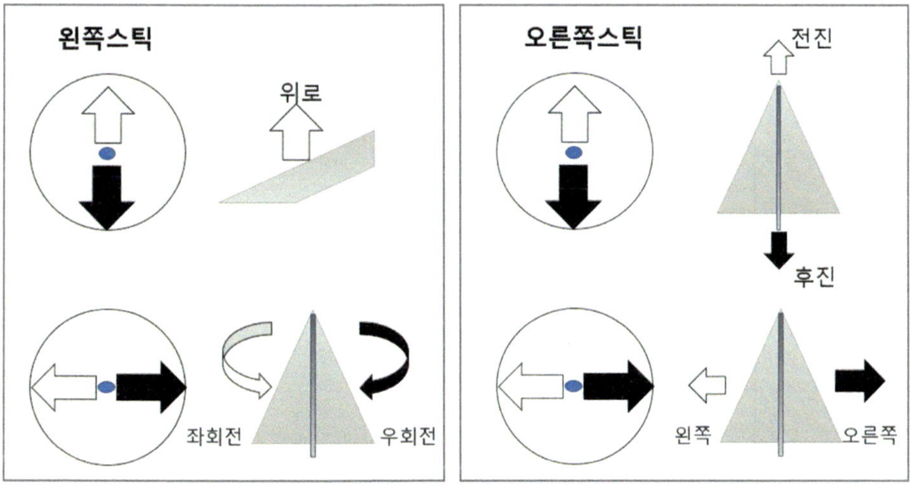

촬영용 드론의 조종기 제어 스틱 모드

[출처: dji.com, 2023.]

1) 촬영용 드론의 상승, 하강과 같은 수직 비행은 조종기의 왼쪽 스틱인 Throttle 스틱을 사용한다.

   조종기의 왼쪽 스틱을 위 또는 아래로 움직이면 기체의 고도가 바뀐다.

   상승하려면 스로틀(Throttle) 스틱을 밀어 올리고 하강하려면 스로틀(Throttle) 스틱을 당겨서 내린다.

   Throttle 스틱이 가운데에서 멀어질수록 기체의 고도가 더 빨리 바뀐다.

   예상하지 못한 급격한 고도 변화를 피하려면 스틱을 항상 부드럽게 움직여야 한다.

2) 촬영용 드론의 제자리 회전은 조종기의 왼쪽 스틱을 좌우로 움직인다. 이를 Yaw라고 한다. 조종기의 왼쪽 스틱을 왼쪽이나 오른쪽으로 움직이면 기체의 방향을 제어할 수 있다. 기체를 반시계 방향으로 회전시키려면 요(Yaw) 스틱을 왼쪽으로 밀고, 시계방향으로 회전시키려면 요(Yaw) 스틱을 오른쪽으로 민다. Yaw 스틱이 가운데 위치에서 멀어질수록 기체가 더 빠르게 회전한다.

3) 촬영용 드론의 전진, 후진 같은 수평 운행은 조종기의 오른쪽 스틱을 위아래로 움직이며, 이를 Pitch라고 한다.
   조종기의 오른쪽 스틱을 위아래로 움직이면 기체의 피치가 바뀐다.
   전진 비행을 하려면 피치(Pitch) 스틱을 밀어 올리고, 후진 비행을 하려면 피치(Pitch) 스틱을 아래로 내린다.
   피치(Pitch) 스틱이 가운데에서 멀어질수록 기체가 더 빠르게 이동한다.

4) 촬영용 드론의 왼쪽, 오른쪽 이동 같은 수평 운행은 조종기의 오른쪽 스틱을 좌우로 움직이며, 이를 Roll이라고 한다.
   조종기의 오른쪽 스틱을 좌우로 움직이면 기체의 롤이 바뀐다. 좌측으로 비행하려면 롤(Roll) 스틱을 왼쪽으로 밀고, 우측으로 비행하려면 롤(Roll) 스틱을 오른쪽으로 민다.
   Roll 스틱이 가운데에서 멀어질수록 기체가 더 빠르게 이동한다.

4. 촬영용 드론의 조종기 연동 및 경고

1) 조종기 연동

조종기는 배송 전에 기체에 연동되어 있다. 연동은 새 조종기를 처음으로 사용하는 경우에만 필요하다. 새 조종기와 기체를 연동하는 순서는 다음과 같다.

1. 조종기 및 기체의 전원을 켠다.
2. DJI Fly를 시작한다.
3. 카메라 뷰에서, •••을 누르고 제어 및 기체에 연결(Connection)을 선택한다. 이때 조종기는 삐 소리를 계속 울린다.
4. 기체의 전원 버튼을 4초 이상 길게 누른다. 기체에서 삐 소리가 한 번 울리면 연동 준비가 되었음을 나타낸다.

- 기체에서 삐 소리가 두 번 울리면 연동이 성공적임을 나타낸다. 조종기의 배터리 잔량 LED가 계속 켜져 있다.
- 연동 중에는 조종기가 기체에서 0.5m 이내에 있어야 한다.
  사용하던 기체에 새 조종기를 연동하면, 기존 조종기와 해당 기체의 연동이 자동으로 끊어진다.
- OcuSync 2.0 동영상 전송 연결을 사용할 때는 블루투스 및 WiFi를 꺼야 한다. 그렇지 않으면, 동영상 전송에 영향을 줄 수 있다.
- 항상 비행 전에 조종기를 완전히 충전하여야 한다. 조종기는 배터리 잔량이 낮으면 경고음을 울린다.
- 조종기를 켠 상태에서 5분 동안 사용하지 않으면 경고음이 울린다. 6분이 지나면 기체의 전원이 자동으로 꺼진다. 조종 스틱을 이동하거나 아무 버튼이나 눌러 경보를 취소한다.
- 모바일 기기가 고정되도록 모바일 기기 홀더를 조정하여야 한다.
- 배터리 성능을 유지하려면 적어도 3개월에 한 번은 배터리를 완전히 충전하여야 한다.

2) 조종기 경고

기체와 연결이 끊긴 후 배터리 잔량 LED가 천천히 깜박이기 시작한다. 기체에서 연결이 끊어지거나 장시간 조작하지 않으면 조종기에서 신호음이 울리고 전원이 꺼진다.

- 조종기와 기타 무선 장비 간의 간섭을 피해야 한다. 모바일 기기의 WiFi를 껐는지 확인해야 한다. 심한 간섭이 있는 경우 최대한 빨리 기체를 착륙시켜야 한다.

- 모바일 기기를 사용하여 비행을 모니터링할 대 조명 조건이 너무 밝거나 어두우면 기체를 작동해서는 안 된다. 사용자는 디스플레이 밝기를 조정해야 하며 드론 조종자는 비행 조작 중에 모니터에 직사광선이 비치는 것을 주의해야 한다.

- 예상하지 못한 작동이 발생하면 조종 스틱의 동작을 멈추거나 비행 일시 정지 버튼을 눌러야 한다.

제2장 촬영용 드론의 조종기 제어 앱(App) DJI Fly

촬영용 드론에서 기체와 조종기는 모두 DJI Fly App을 사용하게 제작되었다.
DJI Fly App은 스마트폰, 태블릿, 패드 등 모바일 장치에 설치되어 기체의 전반적인 운행과 세팅을 할 수 있게 지원해준다.
DJI Fly App은 안드로이드 및 애플 기기 운영체계(IOS)에서 모두 사용할 수 있다. 삼성 갤럭시 등 안드로이드 계열 스마트 기기는 안드로이드 마켓 Google Play를 검색하여 설치하면 된다.

촬영용 드론을 이용하여 기체를 조종하고 영상 또는 사진을 촬영하려면 기체, 조종기, DJ Fly App이 필요하다.
DJI Fly App은 기체와 조종기 간의 각각 기능 설정과 기체가 비행 중이거나 촬영 중일 때 실시간으로 카메라 영상을 통해 확인하게 해준다.

DJI Fly App을 실행하면 다음과 같은 메인 화면(Main Screen)으로 접속된다.

1) 홈(Home)

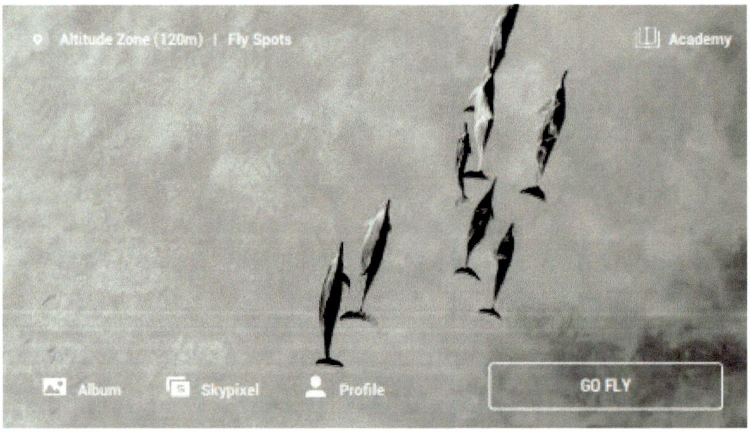

DJI Fly 앱 메인 화면
[출처: dji.com, 2023.]

DJI Fly 앱 메인 화면은 다음과 같은 기능으로 구성되어있다.

(1) 비행 인기 지역(Recommend Zone)

인근의 적합한 비행 및 촬영 장소를 보거나 공유하고, GEO 구역에 관해 자세히 알아보고, 다른 사용자가 찍은 여러 장소의 공중사진을 찾아볼 수 있다.

(2) 아카데미(Arcademy)

오른쪽 상단 코너의 아이콘을 눌러 아카데미로 들어간다. 제품 튜토리얼, 비행 팁, 비행 안전 및 사용 설명 문서(Manual)를 여기에서 볼 수 있다.

(3) 앨범(Album)

DJI Fly 및 휴대폰의 앨범을 볼 수 있다. QuickShot 비디오는 휴대폰으로 내려받은 후, 볼 수 있다. 생성에는 템플릿(Template)과 Pro 템플릿이 포함되어 있다. 템플릿은 가져온 영상에 대한 자동 편집 기능을 제공한다. Pro템플릿을 사용하면 수동으로 영상을 편집할 수 있다.

(4) Sky Pixel

사용자가 공유하는 동영상과 사진을 보려면 Sky Pixel을 입력한다.

(5) 프로필(profile)

개요계정 정보, 비행 기록, DJI 포럼, 온라인 스토어, 내 드론 찾기 기능 및 기타 설정을 볼 수 있다.

2) 카메라 뷰(Camera View)

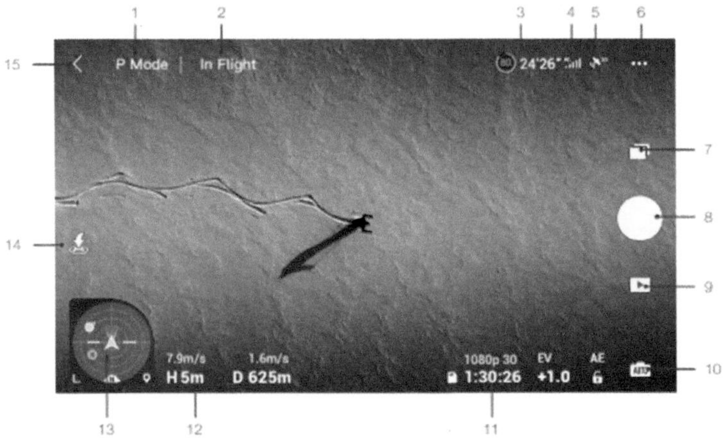

DJI Fly 카메라 뷰 화면
[출처: dji.com, 2023.]

DJI Fly 카메라 뷰 화면에는 촬영용 드론 제어에 필요한 다음과 같은 주요 기능이 있다.

1. 비행 모드(Flight Mode)
   N 모드: 현재 비행 모드를 나타낸다.

2. 시스템 상태 표시줄
   비행 중에는 기체의 비행 상태를 표시하고 다양한 경고 메시지를 보여준다. 경고 메시지가 나타나면 눌러서 더 자세한 정보를 볼 수 있다.

3. 배터리 정보
   현재 배터리 잔량 및 남은 비행시간을 표시한다. 누르면 배터리에 관한 자세한 정보를 볼 수 있다.

4. 동영상다운 링크 신호 강도
   RC(Remote Control): 기체와 조종기 사이의 동영상다운 링크 신호 강도를 표시한다.

5. GPS 상태

현재 GPS 신호 강도를 표시한다.

6. 시스템 설정

시스템 설정에는 안전, 제어, 카메라, 변속기 및 정보가 있다.

■ 안전

• RTH:

리턴 투 홈 고도를 설정하고, 홈 포인트를 업데이트하려면 누른다.

• 항공 안전:

비행을 위한 최대 고도 및 최대거리를 누른다.

• 센서:

콤파스(Compass)와 IMU 상태를 보려면 누르고 필요한 경우 캘리브레이션을 한다.

• GEO 구역 잠금 해제:

GEO 구역 잠금 해제에 대한 정보를 보려면 누른다.

• 내 드론 찾기:

지도를 사용하여 지상에 있는 기체의 위치를 찾는다.

• 안전 고급 설정:

신호가 끊길 때 기체의 동작 설정, 비상 프로펠러 정지 및 페이로드 모드를 포함한다. 조종기 신호가 끊겼을 때 기체의 동작은 리턴 투 홈, 하강 또는 호버링으로 설정할 수 있다. "비상시에만"은 비행 중 충돌이 발생하거나, 모터 시동이 멈추거나, 기체가 공중에서 롤링하거나 제어를 벗어나거나 매우 빠르게 상승/하강을 하는 경우와 같은 비상 상황에서만 모터가 정지될 수 있음을 나타낸다. "항상"은 사용자가 스틱 조합 명령(CSC)을 수행하면 언제든지 모터가 중간에 정지될 수 있음을 나타낸다.

■ 제어

기체 설정: 눌러서 단위를 설정한다.

• 짐벌 설정:

눌러서 짐벌 모드를 설정, 상향 짐벌 회전 허용, 짐벌 중앙 복귀, 짐벌 캘리브레이션(Calibration, 교정)을 할 수 있다. 고급 짐벌 설정에는 피치 및 요에 대한 속도 및 평활도가 포함된다.

• 조종기 설정:

눌러서 사용자 설정 버튼의 기능을 설정하고, 조종기 캘리브레이션하고, 연결된 iOS 기기에 대한 모바일 기기 충전을 활성화하고 조종 스틱 모드를 전환한다. 조종 스틱 모드를 변경하기 전에 조종 스틱 모드의 작동을 이해하고 있는지 확인해야 한다.

• 비행 튜토리얼(Tutorial, 사용 지침서):

비행 튜토리얼을 볼 수 있다.

■ 카메라

• 사진:

눌러서 사진 크기를 설정할 수 있다.

• 일방 설정:

눌러서 히스토그램, 과다 노출 경고, 격자선, 화이트 밸런스, 자동 동화기 HD(High Definition) 사진 및 녹화 중 캐시를 보고 설정할 수 있다.

• 저장 장치:

눌러서 micro SD 카드의 용량과 형식을 확인할 수 있다.

• 캐시 설정:

녹화 중 캐시 및 최대 동영상 캐시 용량을 설정할 수 있다.

• 카메라 설정 재설정:
누르면 모든 카메라 설정이 기본값으로 복원된다.

• 전송:
주파수 및 채널 모드를 설정할 수 있다. 라이브 플렛폼(Live Platform)을 선택하여 카메라 뷰를 실시간으로 방송할 수 있다.

• 정보:
기기 정보, 펌웨어 정보, 앱 버전, 베터리 버전 등을 볼 수 있다.

7. 촬영 모드

■ 사진:
단일, AEB 및 타이머 촬영

• 동영상:
동영상 해상도는 2.7K(고해상도) 24/25/30 fps 및 1,080P(화면 해상도로 1920x1080 pixel 임) 24/25/30/48/50/60 fps로 설정할 수 있다.

• 파노라마:
Sphere, 180, 와이어가 있다. 기체는 파노라마의 유형에 따라 여러 장의 사진을 자동으로 찍고 파노라마 장면을 DJI Fly에서 생성한다.

• QuickShots:
Dronie, Circle, Helix, Rocket, Boomerang 중에 선택한다.

8. 줌

아이곤은 줌 비율을 보여준다. 누르면 줌 비율을 조정할 수 있다. 아이콘을 길게 눌러 줌 마대를 확장하고 막대를 밀어 줌 비율을 조정한다.

9. 셔터/녹화 버튼 :

아이콘을 눌러서 사진을 찍거나 동영상 녹화를 시작 또는 중지한다.

10. 재생:

재생으로 이동하여 촬영과 동시에 사진과 동영상을 미리 보려면 누른다.

11. 카메라 모드 전환:

사진 모드에서 자동 및 수동 모드 중에서 선택한다. 수동 모드에서는 셔터와 ISO를 설정할 수 있다. 자동 모드에서 AE 잠금 및 EV를 설정할 수 있다.

12. 촬영 매개 변수:

현재 촬영 매개 변수를 표시한다. 매개 변수 설정에 액세스하려면 누른다.

13. micro SD(Secure Digital, 보안 디지털) 카드 정보:

현재 micro SD 카드에 저장할 수 있는 여분의 사진 수 또는 동영상 녹화 시간을 보여준다. 누르면 micro SD 카드의 잔여 용량을 볼 수 있다.

14. 비행 원격 측정:

기체와 홈 포인트(Home Point) 사이의 거리, 홈 포인트로부터의 높이, 기체 수평속도 및 기체 수직 속도를 표시한다.

15. 지도:

지도는 기체의 방향 및 틸트의 각, 조종기 위치, 홈 포인트 위치 정보를 표시해 준다. 드론 기체가 더 높이 더 멀리 비행 중으로 눈으로 드론 기체의 위치를 확인할 수 없을 때는 모바일 기기(예, 삼성 스마트폰) 화면에 표출(Display)된 지도 아이콘을 누르면 조종기의 위치, 홈 포인트, 그리고 드론 기체의 방향을 알 수 있다. 따라서 드론 기체를 눈으로 그 위치를 확인할 수 없을 때는 드론 기체의 방향을 보고 드론을 조종하여야 한다.

16. 자동 이륙/착륙/RTH/:

자동 이륙/착륙 아이콘(icon)을 누른다. 메시지가 표시되면 버튼을 길게 눌러 자동 이륙 또는 착륙을 시작한다.

RTH 아이콘을 누르면 스마트 RTH를 시작하고 마지막으로 기록된 홈 포인트로 기체가 돌아간다.

17. 뒤로:

뒤로 아이콘을 누르면 홈 화면으로 돌아간다.

원이 나타날 때까지 화면을 길게 누르고 원을 위아래로 끌어서 카메라 틸트를 제어할 수 있다.

제3장 촬영용 드론의 배터리

촬영용 드론의 지능형 플라이트 배터리(Intelligent Flight Battery)는 스마트 충전/방전 기능이 있는 7.7V, 2,250 mAh(Milli Ampere Hour) 배터리이다.

1. 지능형 플라이트 배터리(Intelligent Flight Battery) 기능

배터리의 주요 기능은 다음과 같다.

1) 균형 충전: 충전 중에 배터리 셀 전압의 균형을 자동으로 유지한다.
2) 자동 방전 기능: 배터리 팽창을 방지하기 위해 하루 동안 사용하지 않을 경우 배터리 잔량이 약 96%로 자동으로 방전하며, 5일 동안 사용하지 않을 때는 약 72%로 자동 방전한다. 방전 중에 배터리에서 약간의 열이 발생하는 것은 정상이다.
3) 과충전 보호: 배터리가 완전히 충전되면 충전이 자동으로 멈춘다.

4) 온도 감지: 손상 방지를 위해 배터리는 5~40°C 사이 온도에서만 충전된다. 충전 과정에서 배터리 온도가 50°C를 초과하면 충전이 자동으로 중지된다.

5) 과전류 보호: 과도한 전류가 감지되면 배터리 충전이 중지된다.

6) 과방전 보호: 배터리가 비행에 사용되지 않을 때는 과도한 방전을 방지하기 위해 자동으로 방전을 중단한다. 배터리가 비행에 사용될 때는 과방전 보호가 활성화 되지 않는다.

7) 합선 보호: 합선이 감지되면 전력 공급을 자동으로 차단한다.

8) 배터리 셀 손상 보호: 배터리 셀에서 손상이 감지되면 DJI Fly 앱에 경고 메시지가 표시된다.

9) 최대 절전 모드: 배터리 셀 전압이 3.0V 미만이거나 배터리 잔량이 10% 미만이면 배터리가 최대 절전 모드로 전환되어 과도한 방전을 방지한다.

10) 통신: 배터리의 전압, 용량, 전류에 대한 정보가 기체로 전송된다.

2. 배터리 사용

1) 배터리 잔량 확인

전원 버튼을 한 번 눌러 배터리 잔량을 확인하여야 한다.

배터리 잔량 표시등은 플라이트 배터리가 충전이나 방전되는 동안 잔량 수준을 표시한다. 표시등의 상태는 다음을 설명한다.

● LED 켜짐. ✺ LED 깜박임. ○ LED 꺼짐

LED1	LED2	LED3	LED4	배터리 잔량
●	●	●	●	배터리 잔량 > 88%
●	●	●	✺	75% < 배터리 잔량 ≤ 88%
●	●	●	○	63% < 배터리 잔량 ≤ 75%

LED1	LED2	LED3	LED4	배터리 잔량
●	●	☼	●	50% < 배터리 잔량 ≤ 63%
●	●	○	○	38% < 배터리 잔량 ≤ 50%
●	☼	●	●	25% < 배터리 잔량 ≤ 38%
●	○	○	○	13% < 배터리 잔량 ≤ 25%
☼	●	●	●	0% < 배터리 잔량 ≤ 13%

2) 전원 켜기/끄기

전원 버튼을 한 번 누른 다음 2초 동안 다시 길게 누르면 배터리가 켜지거나 꺼진다. 배터리 잔량 LED는 기체가 켜져 있을 때 배터리 잔량을 표시한다.

전원 버튼을 한 번 누르면 4개의 배터리 잔량 LED가 3초 동안 깜박인다. 전원 버튼을 누르지 않고 LED3 및 LED4가 동시에 깜박이면 배터리가 비정상임을 나타낸다. 지능형 비행(Intelligent Flight) 배터리를 다시 삽입하고 안전하게 장착되었는지 확인하여야 한다.

드론 비행 시에 주의사항은 다음과 같다.

- 0°C~5°C의 저온 환경에서 비행하면 배터리 용량이 현저히 줄어들게 된다. 배터리의 온도를 높이기 위해 기체를 제자리에서 호버링하는 것이 좋다. 배터리는 사용할 때마다 항상 완전히 충전되어 있는지 확인하여야 한다.
- 최적의 배터리 성능을 위해 배터리 온도는 20°C 이상으로 유지하여야 한다.
- 저온 환경에서 배터리 용량이 줄어들면 기체의 풍속 저항 성능이 저하되기 때문에 주의하여 드론을 비행하여야 한다.
- 높은 해수면에서는 각별히 주의해서 드론을 비행하여야 한다.

추운 지역에서는 배터리를 배터리 함에 넣고 이륙하기 전에 기체를 예열하여야 한다.

3. 배터리 충전

지능형 플라이트 배터리를 처음 사용할 때는 다음과 같은 절차에 따라 충전한다.

1) USB 충전기를 AC 전원 공급 장치(100~240 V, 50/60 Hz)에 연결합니다. 필요한 경우 전원 어댑터를 사용하여야 한다.
2) 기체를 USB 충전기에 연결한다.
3) 배터리 잔량 LED는 충전 중인 현재 배터리 잔량을 표시한다.
4) 배터리 잔량 LED가 모두 켜지면 지능형 플라이트 배터리가 완전히 충전된 것이다. 배터리가 완전히 충전되면 USB 충전기를 분리한다.

배터리 성능 유지에 필요한 사항은 다음과 같다.

- 기체가 켜져 있고 충전하는 동안 기체에 전원을 공급할 수 없는 경우 배터리를 충전할 수 없다.
- 비행 직후에는 배터리 온도가 너무 높을 수 있으므로 지능형 플라이트 배터리를 바로 충전하면 안 된다.
- 배터리 온도가 실온까지 내려갈 때까지 기다렸다가 다시 충전하여야 한다.
  배터리 셀 온도가 작동 범위인 5~40°C 내에 있지 않으면 충전기가 배터리 충전을 멈춘다.
  이상적인 충전 온도 범위는 22~28°C이다.
- 배터리 성능을 유지하려면 적어도 3개월에 한 번은 배터리를 완전히 충전하여야 한다.
- 배터리 잔량 LED의 깜박이는 빈도는 사용하는 USB 충전기의 유형에 따라 달라진다.
- 충전 속도가 빠르면 배터리 잔량 LED가 빠르게 깜박인다. 충전 속도가 매우 느리면 배터리 잔량 LED가 2초마다 한 번씩 천천히 깜박인다.
- 배터리가 기체에 올바로 삽입되지 않은 경우, LED 3과 4가 동시에 깜박인다.
  4개의 LED가 동시에 깜박이면 배터리가 손상되었음을 나타낸다.

촬영용 드론(DJI Mini 2 SE)은 전압 측정 방식이 다르다. 이때 전압이 같으면 어떤 충전기를 사용해도 문제가 없지만 충전되는 시간에 차이가 생긴다.

전압이 높으면 충전 시간이 짧아진다. 충전기를 보면 전압 등의 제원이 표시되어 있다. 전력은 전기 사용량을 의미하며 Watts는 전압(V, voltage) x 전류(I, Ampere)로 측정된다.

촬영용 드론은 구입 시 양방향 허브(Hub)는 최대 전력이 29 Watt로 충전할 수 있다. 촬영용 드론 충전기를 사용하면 3개 배터리를 완전히 충전하는데 약 4시간이 소요된다. 충전 허브는 잔량이 가장 높은 베터리를 자동으로 인식하고 먼저 충전한다. 촬영용 드론 양방향 허브는 최대 3개 배터리를 순차적으로 자동 충전할 수 있다.

Keynote Navigator **IMU**

IMU는 Inertial Measurement Unit의 약자로 이동 물체의 속도와 방향, 중력, 가속도를 측정하는 관성 측정 장치이다. IMU의 기본 구성요소는 3차원 공간에서 자유로운 움직임을 측정하는 자이로스코프(gyroscope), 가속도계, 지자계 센서이다. 자이로스코프는 정해진 기준방향을 감지한다. 가속도계는 속도 변화를 측정하여, 이동 물체의 롤(Roll), 요(yaw), 핏치(pitch) 등을 감지한다. 가속도계는 이동 관성을, 자이로스코프는 회전 관성을, 지자계 센서는 방위각을 측정한다. IMU는 항공기를 포함하여 비행물체, 선박, 로봇, ICT 분야 등에서 폭넓게 활용된다.

4. 배터리 보호

1) 배터리 보호 매커니즘(Mechanism)

드론 사용자는 배터리 LED 표시등이 보여주는 비정상적인 충전 상태를 참고하여 배터리 보호 조치를 취할 수 있다.

배터리 보호 매커니즘					
LED1	LED2	LED3	LED4	깜박임 패턴	배터리 보호 항목
○	✺	○	○	LED2가 초당 두 번 깜박임	과전류 감지
●	✺	●	✺	LED2가 초당 세 번 깜박임	합선 감지
○	○	✺	○	LED3가 초당 두 번 깜박임	과충전 감지

배터리 보호 매커니즘					
LED1	LED2	LED3	LED4	깜박임 패턴	배터리 보호 항목
●	●	☼	●	LED3가 초당 세 번 깜박임	충전기 과전압 감지
○	○	○	☼	LED4가 초당 두 번 깜박임	충전 온도 너무 낮음
●	☼	●	☼	LED4가 초당 세 번 깜박임	충전 온도 너무 높음

충전 온도 보호가 활성화되면 배터리는 온도가 허용 범위 안으로 되돌아간 다음에 충전을 재개한다. 다른 배터리 보호 장치 중의 하나가 활성화되고 충전을 재개하려면 먼저 버튼을 눌러서 배터리의 전원을 끄고 충전기의 플러그를 뺀 다음 다시 연결해야 한다. 충전 온도가 비정상인 경우, 충전 온도가 정상으로 돌아갈 때까지 기다리면 충전기를 다시 꽂지 않아도 배터리가 자동으로 다시 충전되기 시작한다.

2) 배터리 장착 및 탈착

드론 비행 전에 인텔리전트 플라이트 배터리를 기체에 장착해야 한다. 배터리 함에 배터리를 삽입하고 배터리 클램프(Clamp)를 고정한다. 딸깍 소리가 나면 배터리가 완전히 잠겼음을 나타낸다.

배터리가 완전히 삽입되었고 배터리 커버가 제자리에 고정되어 있는지 반드시 확인하여야 한다.

배터리를 탈착할 때는 배터리 클램프를 누르고 배터리 함에서 배터리를 분리하여 제거하면 된다. 기체가 켜진 상태에서 배터리를 분리하면 안 된다. 항상 배터리가 단단히 장착되었는지 확인하여야 한다.

제3부

촬영용 드론 비행 준비 및 실습

제1장 촬영용 드론 비행 준비

1. 육안 점검 사항
2. 정밀 검사
3. 드론 비행계획서

제2장 촬영용 드론 비행 실습

1. 촬영용 드론 비행 조건
2. 촬영용 드론 비행 기법
3. 촬영용 드론 비행 연습
4. 촬영용 드론 비행 제한 사항 및 GEO 구역

제3부 촬영용 드론 비행 준비 및 실습

제1장 촬영용 드론 비행 준비

촬영용 드론의 비행 준비를 위해서는 드론을 육안으로 점검하고 정밀 검사를 수행하여야 한다.

1. 육안 점검 사항

조종자는 육안으로 비행체(드론 기체)의 손상, 마모, 균열, 휨 현상, 연결 장치의 헐거움 등을 점검한다.
조종자는 드론 기체를 육안으로 점검(Inspection)해야 할 주요 항목은 다음과 같다.

- 기체 구조
- 비행 조종 면 및 연결 장치
- 동력 장치, 프로펠러, 모터 등을 포함하는 추진 장치
- 제어링크 송수신기 및 안테나
- 자세제어 3축 제어 시스템(짐벌)
- 탑재체(카메라 등)
- 배터리

2. 정밀 검사

드론 조종자는 드론 점검 목록(Checklist)을 바탕으로 비행 전에 드론 기체, 조종기, 배터리 등 촬영용 드론의 안전한 운용을 위한 조건의 충족 여부를 판단하기 위하여 기능을 점검하여야 한다.

1) 비행 전 기능 점검 수행 방법

드론 조종자는 비행 전 운용자 설명서에 기술된 촬영용 드론의 기능 점검 절차를 통해 드론 작동의 비정상 여부를 파악하여야 한다. (예) 배터리 전압 검사기(Tester) 기를 이용하여 충전용량 확인

2) 비행 전 기능 점검 목록(Checklist)의 주요 사항

드론 조종자는 촬영용 드론 작동의 비정상 여부를 파악하기 위하여 기능적으로 드론을 점검해야 할 주요 사항은 다음과 같다.

드론 촬영 전 Checklist			점검 일자	
			점검자 명	
점검 항목	**정상 양호**	**비정상 불량**	**규격**	
조종기, 모바일 기기 및 지능형 플라이트 배터리 충전				
지능형 플라이트 배터리 고정				
프로펠러 고정				
프로펠러 전개				
짐벌 및 카메라가 정상 작동 상태				
모터 정상 작동 상태				
모터 먼지 오염 상태				

점검 항목	정상 양호	비정상 불량	규격
DJI Fly 앱의 기체 연동 상태			
카메라 렌즈와 하향 비전 시스템 센서 먼지 오염 상태			
드론 기체와 조종기의 무선 연결 상태			
기체 암(Arm) 상태			
기체 시동 상태			
드론 비행 관련 풍속			

- 드론 기체 시동 거는 방법:

드론 기체에 시동을 걸어 낮은 RPM(Revolutions per Minute, 분당회전수)에서 프로펠러 회전 상태와 모터 소음을 확인한다. 프로펠러에서 고주파 잡음이 나는지 또한 모든 프로펠러가 균일하게 회전하는지 잘 지켜봐야 한다.
기체 시동을 걸기 위해서는 조종기 레버를 동시에 움직여야 한다.

일반적인 드론 시동 방법은 다음 그림과 같이 4가지 방법이 있다.

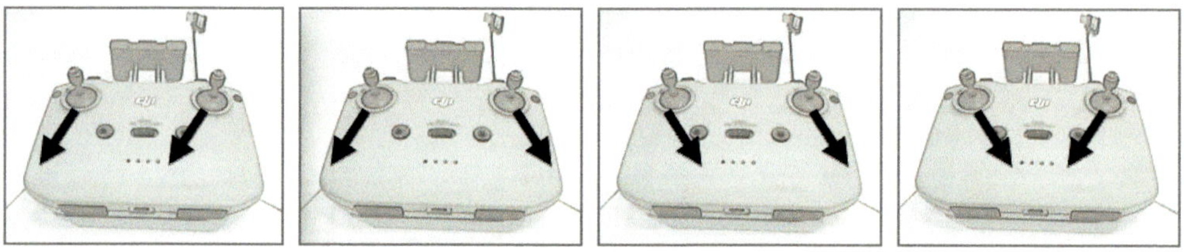

조종기로 드론 시동 거는 4가지 방법

이와같이 드론의 비행 전 점검 사항을 확인한 후 드론을 이륙시켜 확인할 때는 드론의 비행 높이를 조종자의 눈높이 정도로 유지하면서 하여야 한다. 이러한 이유는 촬영용 드론 기체에 문제가 발생하면 추락으로 인한 사고를 최소화하기 위함이다.

3. 드론 비행계획서

드론을 운행하려면 항공 관련 법규 및 임무 계획에 따라 비행계획서를 작성하여야 한다. 향후 기술 발전으로 드론의 활용이 어떻게 발전할지는 예측하기가 쉽지 않다. 하지만 드론의 근본적인 기능은 임무 장비를 탑재하여 정해진 경로를 따라 비행하는 것이다.

드론의 가장 큰 임무 중의 하나는 3차원 공간정보를 분석하기 위해 다양한 센서를 통해 지상의 피사체를 탐색(Scan)하는 것이다. 이 관점에서 항공 관련 법규 및 임무 계획에 따라 비행계획서를 작성하여야 한다. 드론 비행계획서에는 다음 사항이 기본적으로 포함되어야 한다. 이 사항은 지방항공청이나 국방부에 비행 허가를 받기 위해서 꼭 필요한 사항이다.

- 주 항로
- 기상 조건
- 연료 소모 판단 사항
- 비행장(Ground Station)의 상태 및 모든 규정 숙지
- 그 밖에 비행에 필요한 사항

드론 비행계획서 작성 시 의무 기록 사항에는 다음 내용이 포함되어야 한다.

- 드론(무인 비행 장치)의 비행 절차
- 비행지역
- 운영인력 등

또한 실제 비행 내용의 확인이 가능하도록 다음 사항에 대하여 구체적인 작성이 필요하다.

- 야간/비 가시 비행 명시
- 최대 비행 고도
- 1회당 운영시간
- 비행 기간

- 장소
- 비행 횟수
- 절차
- 책임자
- 운영인력
- 비행경로(캡처된 지도에 표시)
- 관찰자 유무 및 위치(캡처된 지도에 표시)
- 비행금지구역 등 명시
- 자동안전장치(충돌 방지 기능),
- 충돌 방지 등
- GPS 위치발신기 장착 여부 명시

비행계획서 및 운영인력, 비상 상황 대응 절차

가. 비행계획			
비행 목적		비행 방식	
비행 기간		비행 횟수	
비행 장소·시간·고도	(장소) (시간) (고도)		
조종자 (자격 또는 경력)	조종자 성명 및 조종자별 조종 자격번호 또는 경력을 기록		
비행 절차			
비행경로 및 이착륙장 조명 설치 현황 (사진)	(세부 비행경로)		
	(비행경로 사진)	(이착륙장 조명 설치 사진)	
이착륙장 장애물 현황	장애물 현황 * 비행 범위로부터의 거리, 장애물의 높이, 기타 비행 장애 요소 등	(장애물 전체 현황 사진)	

나. 운영인력 및 역할			
책임자		(역할)	
운영인력	(조종자) (관찰자) (비상 상황 처리자)	(역할)	(조종자) (관찰자) (비상 상황 처리자)

다. 비상 상황 대응 (증빙서류 첨부)	
비상 상황 매뉴얼	사고대응 비상 연락·보고체계 등을 포함한 비상 상황 매뉴얼을 작성·비치해야 함
비상 상황 훈련 여부	모든 참여 인력이 비상 상황 발생에 대비한 훈련을 받아야 함
영리 목적 등 해당 사항 있을 시 첨부할 서류	
초경량 비행 장치 안전성 인증서	인증서를 첨부하여 제출 * 항공안전법 시행규칙 제305조 제1항에 따라 안전성 인증 대상에 해당하는 무인 비행장치로 한정
보험 또는 공제 가입 증서	사고에 따른 손해배상을 위하여 보험 또는 공제 등의 가입을 증명하는 서류 제출 * 항공 사업법 제70조 제4항에 따라 보험 또는 공제에 가입하여야 하는 자로 한정
초경량 비행 장치 비행 승인신청서	특별비행 승인 신청 시 초경량 비행 장치 비행 승인신청서를 함께 제출 * 항공 안전법 제129조6항에 따라 상공안전법 제127조 제2항 및 제3항의 비행 승인 신청을 함께하려는 경우로 한정

[출처: 항공안전기술원]

무인 비행 장치 특별비행 승인 비행계획서

허가 사항	□ 야간비행　□ 가시권 밖 비행			
비행 장치	형식(모델명)			
	기체 수			
	기체 사진			
비행계획	일시		비행지역	
	비행 목적		비행시간, 횟수	
	최대거리		최대고도	
조종자	성명		연락처	
관찰자	성명		연락처	
지상 안전요원	성명		연락처	
조종자-관찰자 통신수단				
자동안전장치(충돌 방지 기능) 장착 여부				
충돌방지등 장착 여부				
GPS 위치발신기 장착 여부				
비행지역 및 경로, 이착륙지·조종자·관찰자 위치 표시				

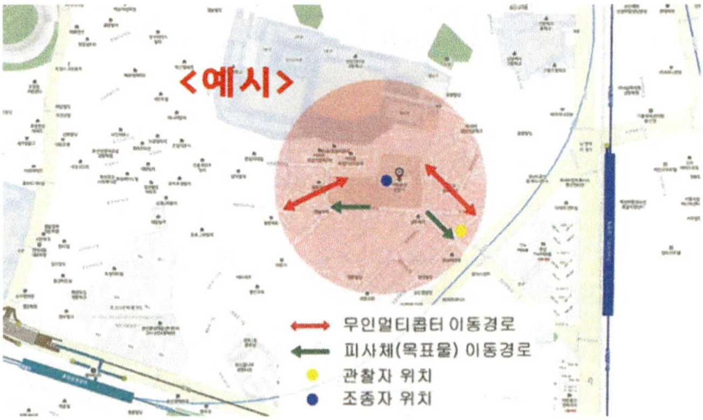

(사진 및 설명 첨부)

기타

[출처: 항공안전기술원]

제2장 촬영용 드론 비행 실습

1. 촬영용 드론 비행 조건

촬영용 드론 비행 환경 조건은 다음과 같이 정리된다.

1) 10 m/s 이상의 강풍, 눈, 비 및 안개와 같은 악천후에서는 기체를 사용해서는 안 된다.
2) 시야가 확보된 넓은 지역에서만 비행하여야 한다. 고층 건물과 대형 철골 구조물은 내장 콤파스와 GPS 시스템의 정확성에 영향을 줄 수 있다. 기체를 구조물에서 최소 5m 떨어지게 유지하는 게 좋다.
3) 장애물, 군중, 고압 전선, 나무 및 물가는 피해야 한다. 기체를 물에서 최소 3m 위로 유지하는 것이 좋다.
4) 전선 가까운 곳, 기지국, 변전소 및 방송 송신탑처럼 전자기가 높은 수준으로 발생하는 지역을 피하여 간섭을 최소화하여야 한다.
5) 기체와 배터리의 성능은 공기 밀도나 기온과 같은 환경적 요소의 영향을 받는다.
   기체를 해발 4,000m 이상으로 비행해서는 안 된다. 그렇지 않으면 배터리와 기체 성능이 저하될 수 있다.
6) 기체는 극지방에서 GPS를 이용할 수 없다. 이러한 지역에서 비행할 때는 하향 비전 시스템을 사용하는 것이 좋다.
7) 움직이는 보트나 차량과 같이 움직이는 표면에서 이륙할 때는 주의해서 비행하여야 한다.
8) 다음 지역에서는 드론 기체를 사용해서는 안 된다.
   - 눈사태 지역
   - 화재 지역
   - 모래 폭풍
   - 지진 지역
   - 신사대 지역

• 사고 지역 등

9) 배터리 충전 허브는 5~40도 온도 범위에서 사용하여야 한다.

10) 기체, 배터리, 조종기 및 충전기 충전 허브는 건조한 환경에서 사용하여야 한다.

11) 악천후 조건에서 충전기 충전 허브를 사용해선 안 된다.

12) 기체, 배터리, 조종기 및 충전기 충전 허브를 새 떼가 있는 곳 또는 뇌우 및 폭풍이 치는 동안에 사용해서는 안 된다.

2. 촬영용 드론 비행 기법

1) 상승·하강 비행

상승·하강 비행은 카메라 페데스탈(Pedestal, 카메라 거치대)이나 지미집(Jimmy Jib), 크레인(Crane)의 붐 업(Boom Up, 카메라의 상승 이동)과 붐 다운(Boom Down, 카메라의 하강 이동)과 같지만 움직임의 범위는 비교할 수 없을 정도로 넓다. 드론이 하강할 때보다는 상승할 때 속도가 빠르고 안정적이다.
카메라 페데스탈(Pedestal, 카메라 거치대)는 카메라를 상하로 움직이면서 피사체를 촬영하여 영상을 얻거나, 카메라를 전후좌우로 이동하면서 영상을 얻을 수 있다.

2) 전진·후진 비행

전진·후진 비행은 레일(Rail)이나 스테디 캠(Steadi Cam)을 이용해 다가가고 멀어지는 동작을 달리인(Dolly In) 달리 아웃(Dolly Out)이라고 한다. 레일 카메라의 달리 인, 달리 아웃의 범위는 레일 길이에 따라, 스테디 캠은 사람이 갈 수 있는 거리에 따라 제한적인 것에 반해 드론은 조종 신호가 미치는 범위까지 이동할 수 있다.
스테디 캠(Steadi Cam)은 카메라의 흔들림을 장치로 흡수해 흔들림이 없는 아주 유연한 Shot(촬영)을 만들어 주는 장치이다.

3) 좌우·수평 비행

좌우·수평 비행은 드론 기체가 좌우로 수평 이동하는 것으로 기체와 카메라를 따로 조종할 수 있는 2인 모드 기체인 경우 기체는 전진하며 카메라만 측면으로 이동하여 촬영하기도 한다. 좌우·수평 비행은 주로 인물을 측면에서 쫓아갈 때 자주 사용된다.

4) 호버링 비행

호버링 비행은 드론이 만들어낸 양력과 드론의 중량이 같을 때 공중에서 정지하게 되는데 이를 호버링이라 한다. 정지해서 촬영하면 안정적이고 편안하다. 또한, 화면에 정보의 양이 많고 화면 내 움직임이 복잡할 때 호버링 방법을 이용하면 더욱 효과적으로 표현할 수 있다.

5) 원주(선회) 비행

원주(선회) 비행은 주 피사체를 원형으로 도는 동작이다. 원주(선회) 비행은 피사체를 가장 입체적으로 보여줄 수 있다. 움직임이 없는 정적이며 어느 방향에서도 보기 좋은 피사체를 담을 때 선회비행을 한다. 선회는 회전축이 중요하다. 드론이 일정한 방향으로 회전하면 더욱 안정감 있게 보여줄 수 있다.

6) 자동 비행

드론 제작사 DJI는 자동 비행 기능을 추가해 고난도의 촬영을 쉽게 할 수 있도록 지원해주고 있다.
촬영용 드론에는 세 가지 비행 모드 외에도 기체가 특정 상황에서 전환되는 네 가지 비행 모드가 있다. 비행 모드는 조종기에서 비행 모드 전환 스위치를 사용하여 전환할 수 있다.

■ 일반 모드:

일반 모드에서는 기체가 GPS 및 하향 비전 시스템을 사용하여 위치를 찾고 기체를 안정화한다. 일반 모드에서는 지능형 플라이트 모드가 활성화된다.

촬영용 드론에 입문하는 초보자는 드론 비행 모드를 스포츠 모드를 선택하여 드론을 조종하는 그것보다 일반 모드로 선택해 사용하면 드론을 보다 안정적으로 조종하면서 피사체를 촬영할 수 있다.

• GPS 신호가 강할 경우

기체는 자체 위치를 결정하고 안정화하기 위해 GPS를 이용한다.

• GPS가 약하고 조명 상태가 충분할 경우

기체는 하향 비전 시스템을 이용해 자체 위치를 결정하고 안정화한다. 하향 비전 시스템이 활성화되고 조명 상태가 충분하면 최대 비행 고도 각도는 25°가 되고 최대 비행 속도는 10m/s가 된다.

■ 스포츠 모드:

스포츠 모드에서는 기체가 GPS와 하향 비전 시스템을 사용하여 위치를 조정한다. 스포츠 모드에서 기체 반응은 민첩성과 속도에 최적화되어 조종 스틱 이동에 더 민감하게 반응한다.

스포츠 모드에서 촬영용 드론의 최대 비행 속도는 16m/s이다. 촬영용 드론의 최대 상승 속도는 5m/s이며 최대 하강 속도는 3.5m/s이다.

스포츠 모드에서는 기체의 최대 속도와 제동거리가 큰 폭으로 증가한다. 무풍 환경에서 최소 30m의 제동거리가 필요하다. 스포츠 모드에서는 하강 속도가 큰 폭으로 증가한다. 무풍 환경에서 최소 10m의 제동거리가 필요하다. 스포츠 모드에서는 기체의 반응성이 크게 높아져 조종기에서 조종 스틱을 조금만 움직여도 기체가 상당히 먼 거리를 이동한다. 스포츠 모드에서는 비행 중 적절한 이동 공간을 유지하며 움직임에 주의해야 한다.

드론 비행 연습을 충분히 한 원숙한 조종자는 스포츠 모드를 선택해 사용하면 역동적으로 피사체를 촬영할 수 있게 된다.

- Cine(CineSmooth) 모드:
Cine 모드는 일반 모드에 기반하고 있으나 비행 속도가 제한되어 촬영 중에 기체가 더욱더 안정적이다.
Cine 모드에서 촬영용 드론의 최대 비행 속도는 6m/s이다. 촬영용 드론의 최대 상승 속도는 2m/s이며 최대 하강 속도는 1.5m/s이다.

드론 연습량이 부족한 초보 드론 조종자가 Cine 모드를 선택해 사용하면 일반 모드를 선택해 드론을 조종하는 것처럼 안정적으로 피사체를 촬용할 수 있게 된다.

하향 비전 시스템을 이용할 수 없거나 비활성화되어 있고 GPS 신호가 약하거나 컴퍼스에 간섭이 발생할 때는 기체는 자동으로 자세(ATTI) 모드로 전환된다.
기체가 하향 비전 시스템을 사용할 수 없으면 자체적으로 위치를 조정하거나 자동으로 제동할 수 없으므로 잠재적인 비행 위험이 증가한다.

- ATTI 모드:
ATTI 모드에서는 기체가 주변의 영향을 더 쉽게 받을 수 있다. 바람 등의 환경적 요소는 수평 이동을 초래하여 드론이 위험할 수 있으며 특히 협소한 공간에서 비행할 때 더욱 그렇다.

7) 시계비행(Visual Flight Rule)

시계비행은 항공기의 비행 방식의 하나로 항공기에서 맨눈으로 항공기의 비행자세를 유지하며 비행하는 방법이다. 드론의 시계비행은 조종자가 시각으로 기체를 관찰하면서 조종기를 조작하면서 비행하는 방법이다. 드론 시계비행은 조종자가 기체를 눈으로 직접 보면서 조작하기 때문에 전선, 철탑, 나무 등 장애물 식별이 쉬워 근거리 비행에 안전을 확보할 수 있다.

8) 계기 비행(Instrument Flight Rule)

드론의 계기 비행은 조종자가 모니터의 위치 영상 정보 데이터에 의존하여 조작하는 드론의 실시간 데이터 정보를 모니터하며 조종기로 기체를 조작한다. 모니터에는 기체의 고도, 거리, 방향각, 풍향, 전압, 수신감도 등 비행 정보를 확인할 수 있어 정확한 비행이 가능하게 된다. 계기 비행으로 드론 기체를 조작하다 보면 고압선이나 철탑 등 장애물을 확인하지 못해 사고가 발생할 수 있다. 드론 기체가 가려지는 장소에서는 계기 비행을 하면 안 된다. 시계비행과 계기 비행을 7대 3 정도로 병행해 기체를 조작하면 좋다(이희영 외, 2015).

3. 촬영용 드론 비행 연습

드론을 이용하여 상공에서 피사체를 내려다볼 때 지상에서 피사체를 바라다보는 것보다 또 다른 감동을 준다.

다양한 피사체나 경관 촬영에 중요시되는 것은 기초비행 연습이다.

기초비행 연습은 드론과 한 몸이 된 것처럼 자유자재로 운용할 수 있는 드론 조종 훈련이 필요하다.

드론 기체와 카메라의 특성을 잘 파악하여 드론을 빠르게 제어할 수 있어야 하고, 기체 동작에 따라 좋은 화각을 잡아내는 조종기 제어 능력이 중요하고 필요하다.

1) 조종 모드 기술 훈련

본 장에서는 조종 모드 기술 훈련을 위해 선제적으로 필요한 이륙 및 착륙 절차에 대해 기술한다.

- 드론 이륙 절차는 다음과 같은 순서에 따라 수행한다.

- 기체
  ① 기체 상태 표시등이 사용자를 향하게 하여 기체를 시야가 확보된 평평한 지역에 놓는다.
  ② 드론 기체와 조종기를 Setting(펼친 상태) 한다.
    - 프로펠러 Holder(홀더, 꾸러미)를 분리한다.
    - 카메라에서 짐벌 보호대를 분리한다.
      짐벌 보호대를 분리를 분리할 때 카메라 렌즈가 짐벌 보호대에 글키지 않도록 조심히 취급하고 짐벌 보호대를 안전하게 보관해야 한다.
    - 프로펠러 전면 암(Arm)을 펼친 후 후면 암을 펼친다.
  ③ 기체의 전원을 켠다.

- 조종기
  ① 조종기 스틱을 조종기 보관 슬롯에서 꺼낸 후 조종기 스틱을 설치하는 자리에 고정한다.
  ② 조종기 모바일 기기(예, 삼성 스마트폰 등) 홀더를 위쪽으로 당겨 뺀다.
  ③ 조종기 위편의 왼쪽에 있는 Cable을 모바일 기기(예, 삼성 스마트폰 등)에 연결한다.
  ④ 조종기 전원을 켠 후 모바일 기기에 다운 로드된 DJI Fly를 실행하고 카메라 뷰에 들어간다. 이때 모바일 기기가 고정되어 있는지 확인한다.
  ⑤ 기체 상태 표시등이 녹색으로 깜박여서 홈 포인트가 기록되고 이제 안전하게 비행할 수 있음을 나타낼 때까지 기다린다.
  ⑥ 조종기 스로틀 스틱을 부드럽게 위쪽으로 밀어 이륙시키거나 자동 이륙한다.

조종 모드 기술 훈련은 다음과 같은 종류가 있다.

(1) 호버링(Hovering) 조종 훈련:

조종자가 자신의 잎에 드론을 움직이지 않고 정지 상태처럼 조종하는 훈련이다.
호버링(Hovering) 조종 훈련이 중요한 이유는 이후에 진행할 조종 훈련과 밀접한 관계가 있기 때문이다.

(2) 고도 유지 상태의 이륙 및 착륙 조종 훈련:

호버링 조종 훈련 다음 단계로 직선 이륙 및 착륙 조종 훈련을 한다.
직선 이륙 및 착륙 조종 훈련은 카메라 각도(틸트)를 고정하고 드론 기체를 직선으로 이륙(상승) 및 착륙(하강)하는 조종을 훈련하는 것이다.

■ 이륙과 착륙 연습을 다음과 같이 수행한다.

• 이륙 연습:

① 기체 상태 표시등이 사용자를 향하게 하여 기체를 시야가 확보된 평평한 지역에 놓는다.
② 조종기 및 기체의 전원을 킨다.
③ DJI Fly를 실행하고, 모바일 기기를 기체에 연결한 후, 카메라 뷰에 들어간다.
④ 기체 상태 표시등이 녹색으로 깜박여서 홈 포인트가 기록되고 이제 안전하게 비행할 수 있음을 나타낼 때까지 기다린다.
⑤ 스로틀 스틱을 부드럽게 밀어 이륙시키거나 자동 이륙을 사용한다.

• 착륙 연습:

① 스로틀 스틱을 당기거나 자동 착륙을 사용하여 기체를 착륙시킨다.
② 착륙 후, 스로틀 스틱을 아래로 누른 채로 기다린다. 드론 모터는 3초 후에 정지된다.
③ 기체와 조종기의 전원을 끈다.

(3) 고도 유지 상태의 전진 및 후진 조종 훈련:

사람의 눈높이 정도의 고도를 유지하고 직선 방향으로 전진과 후진을 반복하는 조종 훈련이다.

(4) 고도 유지 상태의 좌·우 이동 조종 훈련:

사람의 눈높이 정도의 고도를 유지하고 드론을 좌측 방향과 우측 방향으로 조종하는 훈련이다.

(5) 고도 유지 상태의 좌·우 회전 조종 훈련:

사람의 눈높이 정도의 고도를 유지하고 드론을 좌측 방향과 우측 방향으로 회전하는 조종 훈련이다.

(6) 전 방향 고정 □자 비행 조종 훈련:

조종자와 같은 방향의 전방에 드론 기체를 놓고 유지하며 크게 □자를 그리며 비행하는 훈련이다.

(7) 기체 회전 고정 □자 비행 조종 훈련:

드론 기체를 진행 방향으로 90도씩 회전시키며 직선으로 □자를 그리며 비행하는 훈련이다.

(8) 조종자를 마주 보며 전 방향 고정 □사 비행 조종 훈련:

조종자를 마주 보며 기체 방향을 고정한 후 직선으로 □자를 그리며 비행하는 훈련이다.

(9) 조종자를 마주 보며 기체 회전 직선 □자 비행 조종 훈련:

드론 기체를 조종자와 마주 보게 한 후 회전시키며 직선으로 □자를 그리며 비행하는 훈련이다.

■ 드론 착륙 절차는 이륙 절차의 역순으로 수행한다.
드론 기체가 착륙한 후 드론 기체와 조종기는 다음 순서대로 Setting(접은 상태) 해야 한다.

• 기세
① 기체 전원을 끈다.
② 프로펠러 후면 암(Arm)을 섭은 후 전면 임을 접어 모든 프로펠러를 접는다.
③ 짐벌 보호대를 카메라에 결합한다.
안전하게 보관된 짐벌 보호대를 카메라에 결합할 때 카메라 렌즈가 짐벌 보호대에 글키지

않도록 조심해야 한다.

④ 프로펠러 홀더를 결합한다.

• 조종기

① 조종기 전원을 끈다.

② 모바일 기기 홀더에 고정된 모바일 기기에 연결된 Cable을 분리한다.

③ 모바일 기기 홀더에 고정된 모바일 기기를 분리한다.

④ 조종기 스틱이 고정된 설치 자리에서 조종기 스틱을 분리하여 조종기 보관 슬롯에 끼워 넣는다.

2) 드론 실제 비행 실습

드론 실제 비행 실습 순서는 다음과 같다.

(1) 드론과 조종기를 Setting 한다.

(2) 조종기 전원을 켠 후 드론 기체 시동을 켠다.

(3) 드론 항공 촬영 조종 방법을 실습한다.

촬영용 드론의 QuickShot 촬영 모드는 Dronie, Rocket, Circle, Helix, Boomerang이 있다. 촬영용 드론은 선택한 촬영 모드에 따라 녹화한 다음 자동으로 짧은 동영상을 생성한다. 이렇게 생성된 동영상은 재생 메뉴에서 보거나 편집하거나 소셜 미디어에 공유할 수 있다.

① Dronie 촬영 조종 방법:

Dronie 촬영 조종 방법은 촬영용 드론의 기체를 카메라를 피사체에 고정한 상태로 후방으로 비행하면서 상승하는 방법이다.

② Rocket 촬영 조종 방법:
Rocket 촬영 조종 방법은 촬영용 드론의 기체를 카메라를 아래로 향한 채로 상승하는 방법이다.

③ Circle 촬영 조종 방법:
Circle 촬영 조종 방법은 촬영용 드론의 기체가 피사체 주위를 선회하게 하는 방법이다.

④ Helix 촬영 조종 방법:
Helix 촬영 방법은 촬영용 드론의 기체가 피사체 주변을 나선형으로 선회하면서 상승하는 방법이다.

⑤ Boomerang 촬영 조종 방법:
Boomerang 촬영 조종 방법은 촬영용 드론의 기체가 타원형 경로를 따라 피사체 주위를 비행하면서, 시작 지점에서 멀어지도록 상승하고 다시 하강하는 방법이다. 촬영용 드론 기체의 시작 지점이 타원형 장축의 한쪽 끝을 형성하고, 장축의 다른 쪽 끝은 시작 지점으로부터 피사체의 반대쪽에 위치한다.
Boomerang 촬영 조종 방법을 사용할 때는 충분한 공간을 확보해야 한다. 기체 주위에 최소 30m의 반경을 두고 기체 위로는 최소 10m의 반경을 확보해야 한다.

(4) 리턴 투 홈(RTH) 기능을 실습한다.

리턴 투 홈(RTH) 기능을 사용하면 GPS 신호가 강할 때 마지막으로 기록된 홈포인트로 기체를 귀환하고 착륙시킨다.
드론 기체에 홈포인트가 성공적으로 기록되어 있고 GPS 신호가 강한 경우, RTH 사용자가 스마트 RTH를 실행하거나, 기체의 배터리 잔량이 낮거나, 조종기와 기체 사이의 신호가 소실되면 RTH가 시작된다. 또한 동영상 전송 신호를 놓치는 경우와 같은 비정상적인 상황에서도 RTH가 시작될 수 있다.

리턴 투 홈(RTH) 기능의 종류는 다음과 같이 정리할 수 있다.

① 스마트 RTH

GPS 신호가 충분히 강하면 스마트 RTH를 사용하여 기체를 홈포인트로 귀환시킬 수 있다. 스마트 RTH는 DJI Fly 앱에서 아이콘을 누르거나 조종기의 RTH 버튼을 길게 눌러 시작할 수 있다. 스마트 RTH를 종료할 때는 DJI Fly 앱에서 아이콘을 누르거나 조종기의 RTH 버튼을 누른다.

② 배터리 부족 RTH

인텔리전트 플라이트 배터리 잔량이 너무 적거나 홈으로 복귀하기에 충분하지 않은 경우, 최대한 빨리 기체를 착륙시켜야 한다. 그렇게 하지 않으면, 전력이 모두 소모되었을 때 기체가 추락하여 손상되거나 기타 잠재적 위험을 초래한다.

불충분한 전력으로 인한 불필요한 위험을 피하기 위해, 촬영용 드론(DJI Mini 2 SE)은 현재 위치에 기반하여 배터리 잔량이 홈으로 복귀하기에 충분한지를 지능적으로 결정한다. 배터리 부족 RTH는 지능형 비행 배터리의 잔량이 안전한 기체 귀환에 영향을 줄 수 있는 수준까지 떨어질 때 실행된다.

드론 사용자는 조종기에서 RTH 버튼을 눌러 RTH를 취소할 수 있다. 배터리 부족 경고 후 RTH를 취소하면 지능형 비행 배터리에 기체를 안전하게 착륙할 수 있는 충분한 전력이 없어서 기체가 충돌하거나 분실될 수 있다.

배터리 잔량이 매우 낮을 경우 기체가 자동으로 착륙한다. 동작 취소는 할 수 없지만, 조종기를 사용해 하강 속도를 줄이거나 기체 방향을 조정할 수 있다.

배터리 잔량이 현재 고도에서 바로 하강해 착륙할 수 있는 정도만 남은 경우 기체가 자동으로 착륙한다. 동작 취소는 할 수 없지만, 조종기를 사용해 기체 방향을 조정할 수 있다.

③ 페일 세이프(Fail Safe) RTH

홈포인트가 올바르게 기록되고 콤파스가 정상적으로 작동하는 상태에서 조종기 신호가 11초 이상 감지되지 않으면 페일세이프(Fail Safe) RTH가 자동으로 활성화된다.

페일 세이프 RTH에서 조종기 신호가 복구되는 경우에는 기체가 직선 RTH 모드에 들어간다. 기체가 원래 비행경로를 따라 후방으로 비행하고 홈 포인트까지의 거리가 20m 미만일 때 기체는 원래 비행경로의 후방 비행을 멈추고 현재 고도에서 직선 RTH 모드에 들어간다. DJI Fly에서, 기체가 조종기 신호를 잃었을 때 대응하는 방식의 설정을 변경할 수 있다. 설정에서 착륙 또는 호버링이 선택되어 있는 경우 기체는 페일세이프 RTH를 수행하지 않는다.

④ 기타 RTH 시나리오

조종기가 기체의 움직임을 제어할 수 있는 동안에 비행 중 동영상 링크 신호가 손실되면 RTH를 시작하라는 안내 메시지가 표시된다. RTH는 취소할 수 있다.

■ RTH 절차는 다음과 같다.

① 홈포인트가 기록된다.
② RTH가 드리기(Trigger: 작동) 된다.
③ RTH가 시작될 때 기체가 홈 포인트로부터 20m 미만의 거리에 위치하는 경우에는 제자리에서 호버링하며 홈으로 복귀하지 않게 된다.

RTH가 시작될 때 기체가 홈포인트로부터 20m 이상의 거리에 위치하는 경우에는 10.5 m/s의 수평 속도로 홈포인트에 복귀한다.

④ 홈포인트에 도달하면 기체가 착륙한 다음 모터가 정지한다.

GPS 신호가 약하거나 없는 경우에는 기체가 홈포인트로 돌아올 수 없다. RTH가 시작된 후 GPS 신호가 약하거나 사용할 수 없는 경우, 기체가 잠시 동안 제자리에서 호버링한 다음 착륙을 시작한다.

비행 전에 매번 적합한 RTH 고도를 설정하는 것은 매우 중요하다. DJI Fly 앱을 실행한 후, RTH 고도를 설정하여야 한다. 스마트 RTH와 배터리 부족 RTH에서, 현재 기체의 고도가 RTH 고도보다 낮은 경우, 기체는 먼저 RTH 고도로 자동으로 상승한다. 기체의 고도가 RTH 고도에 도달하거나 그보다 높은 경우, 기체는 현재 고도에서 홈포인트로 비행한다. 기체의 고도가 20m 이상이지만 아직 RTH 고도에 도달하지 못한 경우, 스로틀 스틱을 움직여 상승을 멈추게 하면 기체가 현재 고도에서 홈포인트로 귀환한다.

RTH 동안 조종기 신호가 정상일 경우, 기체의 속도, 고도, 및 방향은 조종기를 사용해 제어할 수 있다. 하지만, 조종기로 좌측 또는 우측으로 방향 전환을 할 수는 없다.
기체 상승 또는 전방 비행 시, 사용자가 조종 스틱을 완전히 반대 방향으로 누르면 기체가 제자리에서 호버링한다.
GEO 구역은 RTH에 영향을 미친다. 기체가 RTH 중에 GEO 구역으로 비행할 경우, GEO 구역을 벗어날 때까지 하강한 후 계속해서 홈포인트로 비행하거나 고도 제한으로 인해 제자리에 호버링한다.
풍속이 너무 높으면 기체가 홈포인트로 돌아올 수 없으므로 주의해서 비행하여야 한다.

■ 착륙 보호

스마트 RTH 중에 착륙 보호 기능이 활성화된다.
① 착륙 보호 중에, 드론 기체는 적절한 지면을 자동으로 감지하고 조심스럽게 착륙한다.
② 지면이 착륙하기에 적합하지 않다고 판단하면 촬영용 드론(DJI Mini 2 SE)은 호버링을 유지하며 드론 조종자의 승인을 기다린다.
③ 착륙 보호 기능이 작동하지 않는 경우, 기체가 0.5m 아래로 하강하면 DJI Fly 앱에 착륙 여부를 묻는 메시지가 표시된다. 확인을 누르거나 스로틀 스틱을 아래로 당겨 드론을 착륙하게 한다.
기체 상태 표시등이 녹색으로 두 번씩 반복적으로 깜박이면 기체가 하향 비전 시스템에 의존하여 비행하고 있으며 30m 이하의 고도로만 안정적으로 비행할 수 있음을 나타낸다.

자동 이륙을 사용하기 전에 기체 상태 표시등이 녹색으로 천천히 깜박일 때까지 기다리는 것이 좋다.
움직이는 보트나 차량과 같이 움직이는 표면에서 이륙하면 안 된다.

■ 자동 이륙과 자동 착륙을 실습한다.

[자동 이륙 실습]

자동 이륙은 기체 상태 표시등이 녹색으로 깜박이는 경우 사용하여야 한다.

① DJI Fly 앱을 시작하고 카메라 뷰로 들어간다.

② 비행 전 체크리스트에 있는 모든 단계를 완료하여야 한다.

③ 아이콘을 누른다. 이륙 시 조건이 안전할 경우, 버튼을 길게 눌러 확인한다.

④ 기체가 이륙하여 지상으로부터 1.2m 높이에서 호버링하게 된다.

기체 상태 표시등이 녹색으로 두 번씩 반복적으로 깜박이면 기체가 하향 비전 시스템에 의존하여 비행하고 있으며 30m 이하의 고도로만 안정적으로 비행할 수 있음을 나타낸다.

자동 이륙을 사용하기 전에 기체 상태 표시등이 녹색으로 천천히 깜박일 때까지 기다리는 것이 좋다.
움직이는 보트나 차량과 같이 움직이는 표면에서 이륙하면 안 된다.

[자동 착륙 실습]

자동 착륙은 기체 상태 표시등이 녹색으로 깜박이는 경우 사용하여야 한다.

① 아이콘을 누른다. 착륙 시 조건이 안전할 경우, 버튼을 길게 눌러 확인하여야 한다.

② 자동 착륙은 아이콘을 눌러 취소할 수 있다.

③ 하향 비전 시스템이 정상적으로 작동하는 경우, 착륙 보호가 활성화된다.

④ 착륙 후에는 모터가 정지한다. 착륙할 때는 적절한 장소를 선택해야 한다.

(5) 촬영용 드론을 비행 실습하고 비행 후 확인 사항을 점검한다.

드론 촬영 비행 후 확인할 점검 사항(Checklist)은 다음 표와 같다.

드론 촬영 비행 후 Checklist			점검 일자	
			점검자 명	
점검 항목	정상 양호	비정상 불량	규격	
조종기를 사용하여 드론의 방향과 회전 상태				
조종기를 사용하여 짐벌과 카메라 작동 상태				
드론의 호버링 상태				
조종기 모니터를 참고하면서 배터리 상태				
영상 녹화 버튼을 눌러 영상 녹화 상태				

촬영용 드론을 이용하여 피사체를 촬영할 때 촬영용 드론 기체와 조종기의 비행 전후 점검을 통하여 이상이 없음을 확인한 후 드론을 비행하면서 촬영을 진행하여야 한다.

4. 촬영용 드론 비행 제한 사항 및 GEO 구역

1) 촬영용 드론 비행 제한 사항

무인항공기(UAV) 조종자은 국제민간항공기구(ICAO)와 같은 자율 규제 기관, 미국연방항공국(FAA) 및 현지 항공 당국의 규정을 준수해야 한다. 사용자가 법을 위반하지 않으면서 안전하게 기체를 작동할 수 있도록 안전을 위한 비행 제한이 기본으로 활성화되어 있다. 드론 사용자는 고도와 거리에 대한 비행 제한을 설정할 수 있다.

GPS를 사용할 수 있을 때는 비행 안전을 관리하기 위해 고도 제한, 거리 제한 및 GEO 구역이 함께 적용된다. GPS를 사용할 수 없는 경우에만 고도를 제한할 수 있다.

비행 고도 및 거리 제한 비행 고도 및 거리 제한을 DJI Fly 앱에서 변경할 수 있다. 이러한 설정에 따라 기체는 제한된 공간에서 비행하게 된다.

GPS를 사용할 수 있는 경우

	비행 제한	DJI Fly 앱	기체 상태 표시등
최고 고도	기체의 고도는 지정된 값을 초과할 수 없음	경고: 고도 제한에 도달함	녹색과 빨간색이 교대로 깜박임
최대 반경	비행 거리는 최대 반경 내에 있어야 함	경고: 거리 제한에 도달함	

GPS 신호가 약한 경우

	비행 제한	DJI Fly 앱	기체 상태 표시등
최고 고도	GPS 신호가 약하고 적외선 감지 시스템이 활성화되면 고도가 5m로 제한됨 GPS 신호가 약하고 적외선 감지 시스템이 비활성화되면 고도가 30m로 제한됨	경고: 고도 제한에 도달함	빨간색과 녹색이 번갈아 깜박임

- 비행 중 GPS 신호가 약해지더라도, 기체의 전원을 켰을 때의 약한 정도보다 강하면 (흰색 또는 노란색 신호) 고도 제한이 적용되지 않는다.
- 기체가 GEO 구역 내에 있거나 GPS 신호가 약하거나 없는 경우, 기체 상태 표시등이 12초마다 5초 동안 빨간색으로 켜진다.
- 기체가 고도 또는 반경 제한에 도달한 경우, 기체를 계속 제어할 수 있지만 더 멀리 비행할 수는 없다. 기체가 최대 반경을 벗어나는 경우 GPS 신호가 강하면 자동으로 범위 내로 되돌아온다.
- 안전을 위해 공항, 고속도로, 철도역, 철로, 시내 중심가 또는 기타 민감한 지역 근처에서는 비행해서는 안 된다. 시야가 확보된 장소에서만 기체를 비행하여야 한다.

2) GEO 구역

모든 GEO 구역은 DJI 공식 웹 사이트(http://www.dji.com/flysafe)에서 확인할 수 있다. GEO 구역은 다양한 범주로 나누어지며 공항, 유인 항공기가 낮은 고도로 비행하는 비행장, 국경 그리고 발전소처럼 민감한 지역 등이 포함된다.
기체가 GEO 구역에 접근하면 DJI Fly에서 경고 메시지를 나타내고 기체는 해당 구역으로 비행하지 못하도록 제한된다.

필자의 촬영용 드론 조종 장면

제4부

촬영용 드론의 촬영 기술과 콘텐츠 제작

제4부
촬영용 드론의 촬영 기술과 콘텐츠 제작

제1장 촬영용 드론의 영상 촬영 기술

1. 드론 촬영 전 현장 확인 사항

드론을 이용하여 항공 촬영 전에 현장에서 확인할 사항은 다음과 같다.

1) 드론 촬영 준비 상태 점검

드론을 이용하여 촬영할 촬영 카메라 세팅과 촬영 영상이 저장될 메모리 그리고 짐벌 작동상태 등을 점검한다.

2) 드론 비행구역 사전점검

드론의 비행계획이 확정되면 비행하기 적어도 하루 전에 드론의 안전하고 성공적인 비행과 촬영을 위해 미리 현장을 방문하여 다음과 같은 사항을 점검한다.

- 주변 지형, 건물, 지대 상태
  높은 건물이나 지형의 변화, 지대의 높낮이 등을 미리 확인하여 드론의 안전한 비행 코스를 계획한다.

- 국가시설, 보안시설 등의 존재 여부

드론의 비행구역이나 촬영구역 내에 국가시설 혹은 군 보안시설 등이 있는지를 확인하여야 한다. 현 항공법에서는 국가시설과 군 보안시설로의 비행과 촬영은 모두 금지하고 있다. 부득이한 경우 사전에 국방부로부터 허가를 받고 비행 및 촬영을 할 수 있다. 국방부로부터 비행 허가를 받으려면 5일 정도가 소요되기 때문에 미리 비행과 촬영 가능 여부를 점검해야 한다.

- 드론 전파 링크에 방해될 요소

드론 기체와 조종기는 무선 전파신호로 제어된다. 이러한 무선 전파의 송수신이 원활하게 이루어지지 않으면 드론의 안전사고 발생이나 계획된 비행 등이 실행하지 않는 경우가 있을 수 있다. 따라서 미리 현장의 무선 전파신호 상태를 점검한다.

드론 촬영 전 현장 확인 영상 예시
[천안시 서북구 입장면 성거산 성지 입구]

- GPS 신호 수신 상태

계획된 드론의 항공 촬영을 하기 위해서는 안전하고 계획된 드론 비행계획이 수립되어야 한다. 또한 현장에서 GPS 신호 수신 상태 등을 점검이 요구된다. GPS 신호가 약할 때는 부득이하게 수동모드로 비행해야 할 상황이 발생할 수 있으니 미리 점검하게 되면 촬영 당일 당황하지 않고 드론 항공 촬영을 성공적으로 수행할 수 있다.

3) 드론의 비행 전 최종적으로 다음 사항을 검토하여 우발적인 원인으로 드론 비행이 불가능하여 항공 촬영이 취소되거나 지체되는 것을 최소화하여야 한다.

- 조종기 Mode(방식) 별 상태
- 조종기 및 기체 배터리 충전 상태
- 드론의 이륙 위치 설정 및 비행경로
- 최고 제한 고도
- 항공 촬영 구도
- 영상, 사진 세팅 상태
- 무선 전파 신호 끊김 시 기체 동작 설정 상태
- 주변 날씨(온도, 풍속, 풍향) 상태
- 주변 지형, 지대 상태 및 태양의 위치 등
  - 산악 지역: 큰 나무 등 장애물 조심
  - 계곡: 주변의 나무 등으로 통신 장애 야기
  - 철탑: 통신 방해 요인
  - 호수가 및 바다: 돌풍이나 배터리 방전으로 드론 추락사고 발생
  - 태양의 위치: 태양을 마주 보고 조종하면 눈부심으로 인해 기체를 놓치는 요인
- 비행 중 기체는 언제나 조종자 전방에 두고 조종할 것
- 다른 드론 촬영 기체에 불필요하게 접근하지 말 것
- 태풍, 돌풍이 불 때 또는 비나 눈이 내릴 때 비행하지 말 것
- 드론 비행 중 급상승, 급하강 혹은 급선회를 피할 것

- 드론 착륙은 지상 장애물이 없는 곳에서 할 것
- 야간에 드론 비행하지 말 것
- 드론 이륙 위치를 잘 선정할 것
  - 드론 기체는 맞바람 상태에서 이륙하면 좋다. 특정 위치로 드론 기체를 보낼 때 맞바람으로 비행하면 돌아올 때는 바람을 등지고 오는 배풍 비행이 된다. 배풍은 드론(항공기)의 진행 방향으로 부는 바람이다.
  - 드론 기체 이륙 방향은 바람이 불어오는 쪽(맞바람)으로 시도하면 좋다.
    맞바람은 사람이나 사물의 진행 방향과 반대 방향으로 부는 바람이다.

2. 드론 촬영 영상 문법

문법은 같은 언어를 사용하는 사람들끼리 언어를 사용하는데 필요한 모든 규칙과 정보를 모아 놓은 것으로 정의된다.
예컨대 우리가 영어를 잘하기 위해서 영문법을 잘 공부해 두면 영어로 말하기, 듣기, 쓰기 등에 크게 도움이 되듯이 드론을 이용하여 항공 촬영을 수행하기 위해서 드론 촬영 관련 영상 문법을 숙지하여야 한다.

드론 촬영 영상 문법은 구도, 샷의 크기, 촬영 각도, 드론 카메라 워크 등이 있다(지상 촬영 영상 문법에서 빌림). 영상 문법은 영상 언어를 구성하고 운용하는데 필요한 규칙이다.

드론 항공 촬영 영상 문법을 구성하는 요소는 다음과 같다.

1) 구도

- 3분법
  화면의 가로와 세로를 각각 3 등분하여 격자 선이 교차하는 지점에 주 피사체를 배치하면 시각적으로 균형이 잘 잡힌 영상을 얻을 수 있는 기법이다.

- 룸(Room, 공간)

  룸은 지상 촬영 영상에서 쓰는 법으로 헤드 룸(Head Room), 리드 룸, 워킹 룸 등이 있다. 즉, 인물 촬영 시 머리 윗부분의 공간을 너무 많게 또는 너무 적게 두면 균형이 깨지므로 적당히 공간(head room)을 두는 것이다. 인물이 바라보는 방향으로 많은 공간을 두고(lead room), 인물이 이동하는 방향으로 공간을 많이 둔다.

- 수평

  수평은 복잡한 배경을 피하고, 지표면에 수평을 유지하는 기법이다. 드론은 보통 센서가 수평을 유지해 준다.

- 앵글(Angle)

  앵글은 촬영 각도에 변화를 주어 역동적인 영상을 만드는 기법이다.

- 전경

  전경을 넣어 원근감을 표현한다.

- 클로즈업(Close up)

  클로즈업을 사용하여 주제를 확실히 표현한다.

2) 샷의 크기

샷의 크기 지상 촬영에서 쓰는 기법이나 드론에서도 적용할 수 있다.

3) 촬영 각도

촬영 각도에 따른 구도는 다음과 같은 기법이 있다.

- 수평 앵글(horizontal angle)

  피사체와 같은 높이로 촬영하며, 눈높(eye level)이라고 한다.

- 높은 앵글(high angle)
  부감촬영이라고 하며, 피사체보다 높은 곳에서 내려다보며 촬영한다.

- 낮은 화각(low angle)
  피사체보다 낮은 곳에서 우러러보며 촬영한다.

4) 드론 항공 촬영의 카메라 워킹(Camera Working)

드론을 이용하여 항공 촬영 중에는 동적인 영상을 획득하기 위해서는 다음과 같은 카메라 워크가 필요하다(박성대, 2018).

카메라 워킹은 카메라를 움직이거나 렌즈 조작을 통해 촬영을 보다 효과적으로 할 수 있는 기법이다.

카메라 워킹에는 다음과 같은 요소가 있다.

- Fix(카메라 고정형)
  카메라의 위치와 각도 등을 모두 고정하고 촬영하는 기법이다.

- 패싱(Passing)
  카메라가 피사체에 최대로 근접하듯이 달리 인하면서 피사체를 스쳐 지나가거나 사이를 통과하는 촬영 기법이다.

- 트래킹(Tracking)
  카메라가 피사체와 일정한 거리를 유지하면서 함께 움직이며 촬영하는 기법이다.

- 패닝(Panning)
  카메라는 고정하고 카메라 중심을 기준으로 좌, 우 방향으로 회전하며 촬영하는 기법이다. 드론의 경우 카메라는 고정하고 기체를 중심으로 좌, 우 수평 회전하며 촬영하는 기법이다.

■ Zoom In(줌 인), Zoom Out(줌 아웃)

줌 인(zoom in)은 카메라 중심을 고정하고, 줌렌즈를 망원 화각으로 조작하여 피사체를 점점 확대하는 촬영 기법이다. 줌 아웃(zoom out)은 줌렌즈를 조작하여 피사체를 점점 멀어지게 하는 촬영 기법이다. 드론에서는 드론 기체를 피사체에 근접하든지 멀어지게 하여 촬영하면 된다.

■ 달리 인(Dolly In), 달리 아웃(Dolly out)

카메라가 이동하여 피사체에 가까이 접근하거나 후퇴하는 촬영 기법으로 카메라가 가까이 다가오는 것을 달리 인이라 하며, 카메라가 멀어지는 것을 달리 아웃이라 한다.

■ 팔로우(follow)

카메라가 피사체를 따라가며(follow) 촬영하는 기법이다.

■ 틸팅(tilting)

카메라를 일정 위치에 고정한 후 카메라 상하 각도만을 조정하며 촬영하는 기법이다. 카메라를 위에서 아래로 내리는 것은 틸트 다운(Tilt Down)이고, 카메라를 아래에서 위로 올리는 것은 틸트 업(Tilt up)이다.

■ 관심 점(POI: Point of Interest)

원형 곡선 모양인 아크(Arch) 모양의 경로로 움직이며 촬영하는 기법으로 피사체를 중심에 두고 바라보며 그 주변을 곡선 비행한다.

우리가 글을 쓸 때도 문법을 알면 글을 잘 쓸 수 있듯 드론을 이용하여 항공 촬영할 때도 영상 문법을 잘 알고 지키면 어디에서나 무난히 촬영을 잘할 수 있다.
드론에서는 아직 문법 용어가 정립되어 있지 않다. 드론의 문법 용어는 대부분 영화 문법을 차용하거나 때에 따라서 생성된 문법 용어가 있다.

3. 촬영용 드론의 항공 촬영 기법

촬영에서 카메라 조작보다 더 중요한 것은 카메라를 활용해 어떻게 목적에 부합하는 영상을 만들 것인가를 결정하는 일이다. 따라서 드론 항공 촬영에는 기술적 역량에 미학적 역량까지 갖춘 촬영 전문가가 필요하다.

이러한 인적 요소를 고려한다면 드론 항공 촬영을 할 때는 드론 조종자와 촬영자가 2인 1조로 진행하는 것이 가장 합리적이다. 조종자는 드론을 운용하고, 촬영자는 모터로 화면을 보며 짐벌과 카메라를 조작하는 것이다.

드론으로 정지 영상을 촬영할 때는 드론의 호버링(hovering, 정지 비행) 기능만 이용하면 되므로 특별한 드론 촬영 기법이 필요 없다.

동영상은 촬영 기법이 다양할 수 있다. 하지만 미학적 관점에서 볼 때 드론 항공 촬영도 선통적 카메라 움직임 패턴을 크게 벗어나지 않는다.

따라서 기존 카메라 움직임에 대한 미학적 이해를 바탕으로 목적에 따라 어떤 카메라 움직임 패턴을 이용해 숏을 구성할지 고심하면 된다.

카메라 움직임 패턴(Camera Movement Pattern)은 단순 패턴과 복합 패턴으로 구분할 수 있다. 조종자를 중심으로 지표면에서 좌우로 확장된 축을 x축, 정면으로 확장된 축을 y축, 중력과 반대되는 방향으로 확장된 축을 z축이라고 할 때, 단순 패턴은 드론이 3축 중 한 축만을 이용해 기동하며 촬영하는 패턴을, 복합 패턴은 3축 중 두 축 이상을 복합적으로 이용해 기동하며 촬영하는 패턴을 말한다.

그러니 드론 항공 촬영만을 위해 이러한 패턴들에 고유하게 붙여진 명칭은 없으므로 패턴을 구분할 때 전통적인 카메라 움직임 명칭을 활용하는 것이 필요하다.

패닝 숏(panning shot)은 카메라 위치가 삼각대에 고정된 상태에서 좌우 수평 방향으로 카메라가 회전하는 움직임 패턴이다. 드론 항공 촬영 때에는 기체가 호버링하는 상태에서 짐벌만 수평으로 움직이면 이러한 움직임 효과를 얻을 수 있다. 패닝 숏(panning shot)을 3축 활용 방식으로 구분하면 x축만을 이용하는 단순 패턴이다.

틸트 숏(tilt shot)은 패닝 숏과 비슷하다. 패닝이 수평으로 움직이는 것이라면 틸트는 수직으로 움직인다는 차이가 있다.

드론 항공 촬영 때는 드론을 일정 높이에서 호버링하게 하고, 짐벌을 이용해 카메라를 위아래로 회전시키면 된다. 3축 활용 방식으로 구분하면 z축만을 이용하는 단순 패턴이다.
트래킹 숏(tracking shot) 또는 달리 숏(dolly shot)은 카메라가 피사체를 향해 혹은 반대 방향으로 움직이거나, 피사체를 따라 움직이기도 하고, 길게 늘어선 다수의 피사체를 한 숏 안에서 소개하는 방식이다. 이 숏은 바닥에 레일을 깔고 움직이는 개념이기 때문에 x축이나 y축만을 이용하는 단순하고 수평적인 움직임 패턴이지만, 팬이나 틸트와는 달리 카메라의 위치 자체가 움직인다는 장점이 있다. 따라서 팬이나 틸트를 함께 활용하면 복합 패턴을 만들 수 있다.

드론 항공 촬영 시에는 같은 고도에서 전후좌우의 수평으로 움직이는 동안 짐벌을 이용해 카메라를 회전시키면 세 축을 모두 활용하는 복합 패턴으로 응용할 수 있다.
원형 트래킹 숏(circular tracking shot)은 트래킹 숏과 같은 원리가 적용되지만, 레일을 원 형태(45도, 90도, 180도 등)로 설치해 피사체를 중심으로 카메라가 원형을 그리며 움직이도록 하는 것이다.

크레인 숏(crane shot) 또는 지미집 숏(jimmy jib shot)은 드론과 가장 비슷한 패턴을 구현하는 카메라 움직임이다.

지미집(jimmy jib)은 크레인과 같은 구조로 끝에 카메라가 설치되어 있으며 리모컨으로 촬영을 조정할 수 있는 무인 카메라이다.

크레인이나 지미집은 카메라가 수직으로 움직일 수 있도록 도와주는 장비이다.

드론 항공 촬영 시에는 z축의 수직이동 패턴과 x축·y축의 수평 이동 패턴을 복합적으로 활용하면 좀 더 수려한 영상을 얻을 수 있다.

실제로 지미집 숏에서 수직으로만 카메라가 움직이는 경우는 별로 없다. 피사체를 지속해서 포착하기 위해서는 카메라가 위아래로 움직이는 만큼 틸트로 보상해 주어야 하기 때문이다. 드론에서는 기체가 상승·하강하는 동안 짐벌을 회전시켜 틸트를 상승·하강시키면 피사체가 계속해서 카메라에 담기게 된다.

최근 촬영에서는 카메라의 활동성을 극대화하기 위해 다양한 대안 장비를 많이 활용한다. 기존에 슈팅 카(shooting car), 케이블 캠(cable cam)같은 대안 장비로 구현하던 숏이 이제 드론으로 구현할 수 있다.
슈팅 카(shooting car)는 촬영 장비 차량으로 촬영용 트레일러 슈팅카와 미니 슈팅카 등이 있다.
케이블 캠(cable cam)은 영화 제작자가 움직임(Motion)을 완벽하게 제어하고 어떤 상황에서도 촬영할 수 있도록 하는 전문 비디오 촬영 장비이다.

4. 촬영용 드론의 촬영 장소 선정

보통 드론을 처음 구매할 때, 평소 생각했던 장소에서 멋지게 드론을 날리는 것을 상상한다. 그런데 무작정 아무 곳에서나 드론을 날리면 안 된다.

드론을 날려보고 싶은 곳이 정말 드론을 날릴 수 있는지 확인하시는 것이 필요하다.

하늘을 날 수 있는 것에 관한 법률이 항공법이다.
자동차가 도로를 달릴 때 규칙이 있듯 드론을 비롯한 초경량 비행 장치는 비행하는 데 규칙이 있다.

현재 항공법에는 하늘을 '관제구역', '비 관제구역', '통제구역', '주의 구역'으로 분류하고 있다.
초경량 비행 장치는 '비행 제한 공역'이 있다. 문자 그대로 함부로 비행하면 안 되는 장소를 말한다. 현재 한국은 초경량 비행 장치의 비행 제한 공역은 항공 정보 간행물에 고시된 21개 공역을 제외한 전 공역으로 지정되어 있다.

21개 공역에서는 지상으로부터 19,250m(500피트) 이내 범위는 자유롭게 비행할 수 있다. 즉, 드론으로 자유롭게 비행할 수 있는 높이는 152.4미터로, 63빌딩을 기준으로 5분의 3 정도 높이의 비행이 가능하다. 또한 사람이 많을 때는 안전을 이유로 날리는 것을 조심하여야 한다.

만약 비행 제한공역에서 비행하고 싶다면 사전에 비행계획 승인을 국방부나 지방항공청에서 승인을 받아야 한다.

비행금지구역을 매번 확인하고 조사하기가 어렵다면 해당 공역이 어디인지 확인할 수 있는 국토교통부와 사단법인 한국 드론협회가 공동 개발한 '레디 투 플라이(Ready to fly)' 애플리케이션을 내려받으면 가능하다.

제2장 촬영용 드론의 영상 편집과 콘텐츠 제작

인공위성 지상국 시스템은 지상국 안테나로부터 위성 원시데이터를 수신하여 이를 전 처리한 후 관련 데이터를 부가가치가 있는 위성정보로 처리/분석/보관/배포하는 서브시스템으로 구성된다. 인공위성으로부터 수신된 위성정보는 일반사진과는 별도로 영상처리 과정을 거쳐 우리가 사용할 수 있는 형태의 위성영상이 된다(은종원 외 2016).

하지만 촬영용 드론의 경우는 인공위성 지상국처럼 별도로 공중에서 촬영된 드론 영상을 처리하여 부가가치를 높여주는 영상으로 만들어 주는 규격품으로 바로 구매할 수 있는(off the shelf) 영상처리시스템(장비)이 없다. 따라서 촬영용 드론의 영상 편집과 드론 미디어 제작을 위해서는 별도의 컴퓨터 영상 편집 프로그램을 이용하여야 한다.

1. 촬영용 드론의 영상 편집

본 장에서는 촬영용 드론을 이용하여 공중촬영하고 촬영된 영상을 자신만의 것으로 만들기 위해 촬영부터 편집 그리고 최종 미디어를 제작하기까지의 일련의 과정을 알아보고자 하는 드론 입문자 혹은 초보자를 위해 드론 영상 미디어 제작에 필요한 기본 기능을 비롯하여 입문 단계(Entry Stage)의 편집 방법을 소개하고자 한다.
영상 편집에 사용되는 프로그램은 대부분 유료로 구매하여 사용된다. 하지만 본 책에서 제시하는 미디어 편집 프로그램은 무료로 사용할 수 있어 경제적이다.
본 책에서 소개하는 미디어 편집 방법을 잘 습득하게 되면 준전문가 정도의 편집 기술을 터득할 수 있을 것으로 생각되므로 잘 활용해 주길 바란다

일정액을 지불하고 구매하여 사용해야 하는 영상 편집 프로그램을 소개하면 다음과 같다(김양희, 2018.).

- Adobe Premiere Pro CC
  Adobe Premiere Pro CC는 어도비(Adobe)사의 클라우드 기반 영상 편집 프로그램이다. 본 프로그램은 월 결제방식으로 구매하여 사용할 수 있고 입문자를 위해 30일간 무료 시험 버전을 내려받아 사용할 수 있다.

- Sony Vegas Pro
  Sony Vegas Pro는 소니(Sony)에서 출시한 영상 편집 프로그램이다. 본 프로그램은 입문용으로 좋으며 아마추어나 취미용으로 특수효과도 지원한다.

- Window Movie Maker
  본 프로그램은 윈도우에 기본 내장된 프로그램으로 입문용으로 사용하기 좋아 간단한 편집 작업을 수행하는 데 어려움이 없다.

드론 비행과 촬영은 다른 분야로 편집까지 연결이 되어야만 드론 촬영이 의미가 있다. 드론을 조종하면서 비행 고도에 맞춰 김지로 카메라와 동영상 버튼을 조작해가며 좋은 영상을 촬영하

는 것은 결코 쉬운 일이 아니다.

좋은 영상을 제작하려면 먼저 촬영대본(Continuity)을 통해 전체 이야기를 기획하고 완성된 영상을 상상해 봐야 한다. 촬영 장면을 그림으로 그리고 그 내용을 적어보며 촬영 기법도 고려해 봐야 한다. 또한 촬영대본을 이행하며 동시에 음악 선택을 고려해야 한다. 음악 선택에 따라 차분한 영상, 경쾌한 영상, 웅장한 영상이 될 수 있기 때문이다.
드론 영상을 편집할 때 음악과 영상을 함께 다루어야 한다. 음악의 비트에 맞춰 드론 영상의 길이를 맞춰야 하고, 영상 편집을 위해 시작부터 끝까지 영상의 줄거리를 만들어야 한다.

1) 드론 영상 미디어 제작을 위한 영상 기획과 편집

영상 기획과 편집을 위한 순서는 다음과 같다.

(1) '주제' 설정

영상 콘텐츠는 제작자가 수혜자(사용자)에게 어떤 이야기를 할지 주제를 정한다.
한번 주제가 설정되면 완성본이 만들어질 때까지 주제를 변경하거나 대체되는 일이 없도록 유지한다.

(2) 주제에 적합한 '스토리텔링(Story Telling)' 선정

영상 기획에서 주제가 정해지면 주제를 잘 표현할 수 있는 표현 콘셉트(Concept)이 반영된 스토리텔링을 선정한다. 스토리텔링(Story Telling)은 전달하고자 하는 것을 설득력 있게 전달하기 위한 행위와 방식이다.

(3) 영상 줄거리 '스토리보드(Storyboard)' 작성

CF 광고 혹은 뮤직비디오, 영화, 드라마 등 영상 주제에 대해 대본이 나오면 그것을 기반으로 중요한 신(Scene)이나 장면(Shot) 위주로 스토리보드를 작성하게 된다.
작성한 스토리보드를 토대로 촬영 시 카메라 위치나 각도, 조명, 음향 등을 조작한다. 또한 편집 시에는 스토리보드를 따라 효과음을 삽입하는 등 각종 편집 효과를 주어 구체적인 장면을 연출한다.

(4) 촬영

앞서 언급했지만 촬영하기 전 미리 현장 답사를 하는 것이 좋다. 촬영 당일 발생할 수 있는 문제들에 미리 대처할 수 있고 시간과 비용을 절약할 수 있기 때문이다. 촬영할 때는 역광 촬영, 보조광 촬영 등 촬영물이 잘 나타낼 수 있는 촬영 시간 안에 신속하게 촬영해야 한다.

(5) 촬영된 영상 필터링(Filtering)

실제 편집에 사용될 영상 클립(Clip)을 선별한다. 드론 촬영 현장에서는 많은 영상 클립을 촬영하게 된다. 영상 촬영이 끝나면 촬영된 영상을 점검하고 선별하여 편집 준비를 하여야 한다. 클립(Clip)은 동영상 또는 실시간 스트림(Stream, 실제의 입력이나 출력이 표현된 데이터의 이상화된 흐름)의 일부이다.

(6) 편집(Editting)

먼저 스토리보드 단계에서 준비한 오디오(Audio) 소스(Source)와 함께 편집한다.

기본적인 편집순서는 다음과 같다.
① 영상 클립의 순서를 나열(시간순, 장소 순, 소재 순으로) → ② 1차 예비 영상 편집 → ③ 2차 영상 편집(오디오 자료와 함께) → ④ 자막 편집 → ⑤ 색채(color), 보정(Correction), 효과 편집(Editing Effects) → ⑥ 엑스포트(Export)

(7) 엑스포트(Export, 내보내기) 실행

편집된 영상 클립을 엑스포트 하여 완전한 영상 콘텐츠로 만든다. 시간적 여유가 있으면 1차 엑스포트는 용량을 적게 하여 빠르게 확인하고, 문제가 없으면 계획된 해상도로 엑스포트 한다.

(8) 영상 콘텐츠 배포

예를 들면, 삼성 스마트폰일 때 PC에 저장된 완성된 드론 영상 콘텐츠를 갤거리에 옮긴 후 원하는 가족, 친구 등 대상에게 배포한다.

2) 기본 영상 편집

촬영한 영상을 준비한다. 촬영용 드론의 기체 하단 카메라 짐벌 부분에 마이크로 SD 카드 슬롯이 위치한다. 실제 촬영된 드론 영상은 마이크로 SD 메모리에 저장된다. 영상 저장용 마이크로 SD 카드는 4K 촬영을 하려면 UHS-1 속도 등급 3 이상의 MicroSD 메모리가 필요하다. UHS-1은 Ultra High Speed-1의 약자로 최저 쓰기 속도(30 mb/s)가 보장되는 고성능 Memory Card이다.

촬영용 드론으로 항공 촬영한 영상

3) 무료 영상 편집 방법

internet google을 접속하여 google 상단 menu에 있는 무료 영상 편집 방법 capcut(https://www.capcut.com)을 약 5분 정도 내려받는다.

CapCut은 기술에 정통하지 않은 사용자도 쉽게 사용할 수 있는 무료 비디오 편집 솔루션이다. CapCut은 무료로 콘텐츠를 장식하는 데 사용할 수 있는 모든 비디오 편집 요구 사항을 위한 원스톱 허브이다.
CapCut에서는 콘텐츠를 멋지게 만들 수 있는 모든 종류의 유행하는 스티커, 전환, 효과, 필터 및 음악을 무료로 사용할 수 있다.

2. 음악(Sound) 편집

1) 음악(Sound) 편집하기

영상 미디어를 제작하려면 영상 촬영과 소리를 녹음하고 별도의 음악 자료(Musical Source)를 가져와 영상 배경에 넣으며, 원치 않은 소리를 보정하거나 삭제해야 할 경우가 있다. 오디오 편집에 필요한 주요 사항을 알아보고 제작하고자 하는 미디어의 콘셉트와 조화되도록 기본 오디오 편집 방법을 실습하기로 하자.

무료 음원은 인터넷에서 내려받아 사용하면 된다.

오디오 음원은 저작권 보호제도로 인해 임의로 선택하여 사용하면 안 되지만 무료 음원을 제공하는 사이트가 있다. 다양한 무료 음원들을 제공하는 사이트에서 음원을 찾아 사용하면 즐겁게 미디어 작품을 도출할 수 있다.

무료 음원 사이트는 유튜브 사이트(https://www.youtube.com/audiolibrary/music)가 대표적이다. 그 외 무료 사이트는 BGM 무료 사이트(https://bgmstore.net/) 및 해외 무료 음원 사

이트 'Jamendo'(https://www.jamendo.com/start) 등이 있다.

- 무료 음원 유튜브 사이트(https://www.youtube.com/audiolibrary/music)에서는 무료 음원과 음향효과 자료를 제공하고 있다. 장르별, 시간별, 악기별로 정리되어 있고 곡이 업데이트되어 있으며 일부 음원들은 사용 제한이 없는 것도 있다.
- (https://www.youtube.com/다음과 같은 순서에 따라 실행하면 원하는 음악을편집할 수 있다.

① 구글에 접속하여 'youtube'를 클릭하여 'youtube' 창을 연다.

② 그다음 우측 상단 'J icon(*필자의 구글 아이디임)'을 클릭하면 아래 창이 뜬다.

③ 우측 상단 "내 채널" 아래 'YouTube 스튜디오'를 클릭한 뒤, 좌측 상단 'J icon'을 클릭한다.

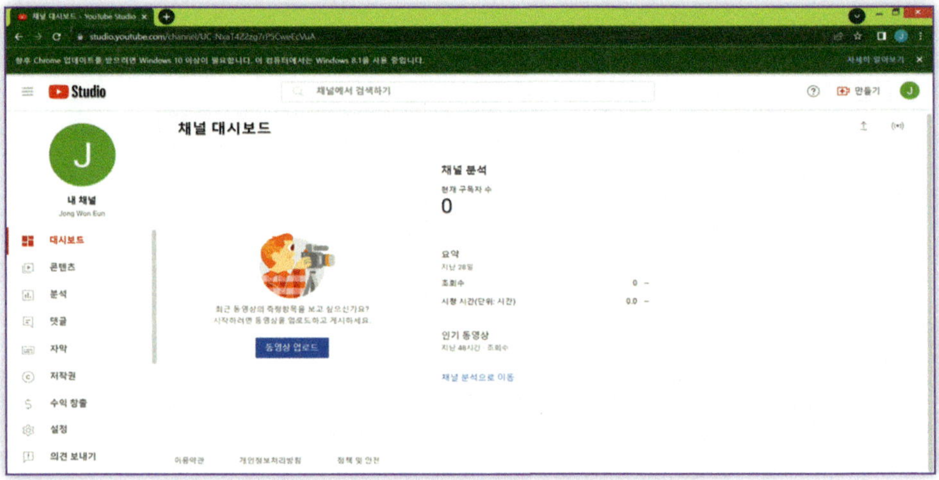

④ 좌측 상단의 'J icon'을 클릭하고, 좌측 하단의 '오디오 보관함'을 클릭한다.

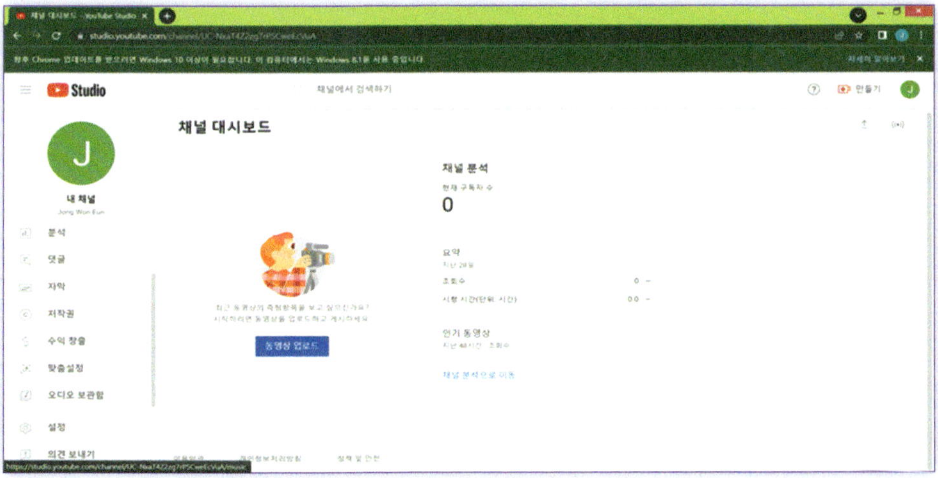

⑤ 오디오 보관함의 '음악'을 클릭하고, 보관함 검색 또는 필터링을 클릭하여 장르 등 영상 주제나 영상 장면에 적합한 음악을 선택한다. 음악에는 영화 음악, 클래식, 컨트리(Country), 댄스 (Dance) 등이 있고 선택한 음악을 들어 본다.

Studio
채널에서 검색하기
오디오 보관함
음악
음향 효과
별표표시
내 채널
분석
댓글
자막
저작권
수익 창출
맞춤설정
오디오 보관함
설정
의견 보내기
Lonely Day
Beckoning
Bone Dry
The Last Goodbye

Studio
채널에서 검색하기
음악
음향 효과
별표표시
내 채널
분석
댓글
자막
저작권
수익 창출
맞춤설정
오디오 보관함
설정
의견 보내기
Savior
Spirit Riders
Searching For Time
Big River
Sad Eyed Waltz
Lonely Day
Beckoning
Bone Dry
The Last Goodbye
Big River
Telecasted

Big River - Telecas
최소화

⑥ 선택한 음원을 '오프라인' 저장하면, 저장하고 싶은 음원이 내 'PC 다운로드'에 저장된다.

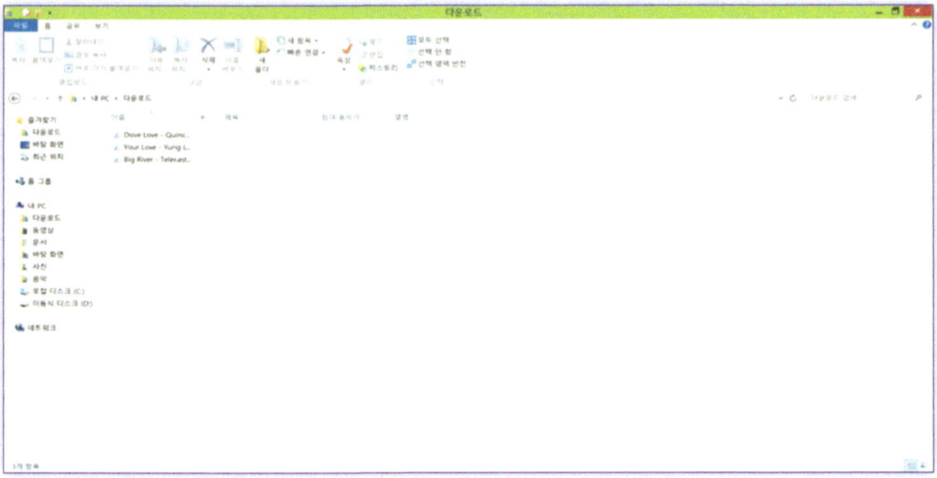

내 'PC 다운로드'에 저장된 음악파일을 PC 바깥 화면에 폴더(예, 드론영상편집)를 만들어 음악파일을 저장하면 드론 미디어 편집 시에 편리하게 사용할 수 있게 한다.

3. Narration(해설) 삽입

교육의 영역에서 인공지능 활용 사례를 찾을 수 있다. 다양한 활용 사례 중 TTS(Text-to-Speech) 기술을 활용한 사례는 'AI 성우' 타입캐스트(typecast)이다.

TTS 기술은 음성 합성(speech synthesis)으로 기계가 말소리의 음파를 만들어내는 기술로써 문자(text)로 지시사항을 입력하여(to) 음성(speech)을 산출물로 제시한다.

TTS 기술은 모델로 선정된 한 사람의 말소리를 녹음하여 일정한 음성 단위로 나눈 다음, 부호를 붙여 합성기에 입력하였다가 지시에 따라 필요한 음성 단위만을 다시 합쳐 말소리를 인위로 만들어내는 기술로 정의된다(위키백과, 2021.04.).

TTS 기술은 기존에 음성 합성 기술은 문자를 읽기 어려운 장애인이나 문자를 읽을 수 없는 사람을 위한 보조 및 지원 도구로 활용되는 경우가 많았다. 최근에는 TTS 기술이 녹음 및 음성 작업을 필요로 하는 분야에서 성우를 대체하는 수단으로 이용되고 있다.
실례로 MBN 뉴스에서 김주하 인공지능(AI) 아나운서를 활용하여 뉴스를 보도하기도 했다.

인공지능 성우 '타입캐스트'에서는 먼저, 대본을 입력한다. 원하는 텍스트를 직접 입력할 수도 있고 미리 작성한 대본을 붙여넣을 수 있다. 다음으로, 원하는 성우를 선택한다. 인공지능 성우의 목소리를 들어 보고 캐스팅을 진행한다. 성별, 연령층, 콘텐츠(다큐멘터리, 교육, 오디오 북 등), 분위기 등 옵션 선택이 가능하다. AI 성우를 선택한 후, 재생하기 버튼을 누르면 인공지능 성우가 대본을 읽어준다. 확인 후, 속도나 끊어 읽기 구간, 피치 등을 선택하여 조정할 수 있다.

Narration을 삽입하는 순서는 다음과 같다.

① google에 접속하여 typecast를 클릭한다.

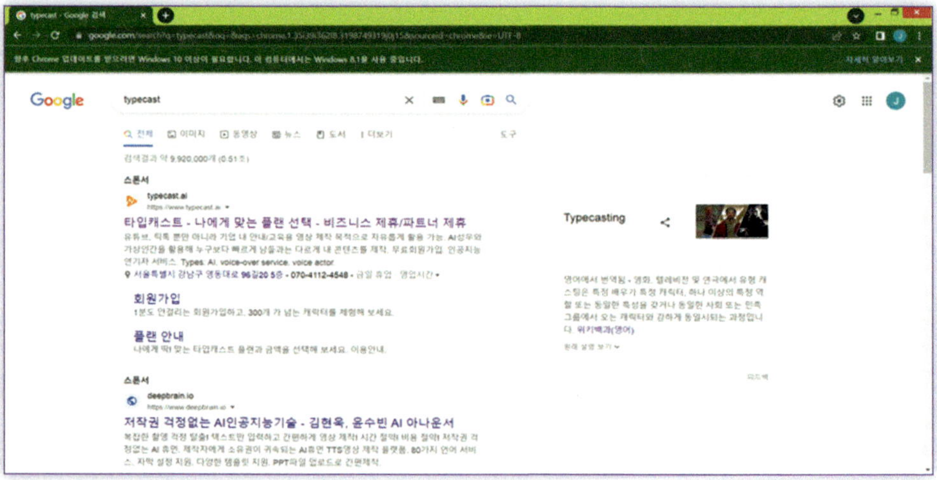

② typecast를 클릭한 후 무료 시작하기를 클릭한다.

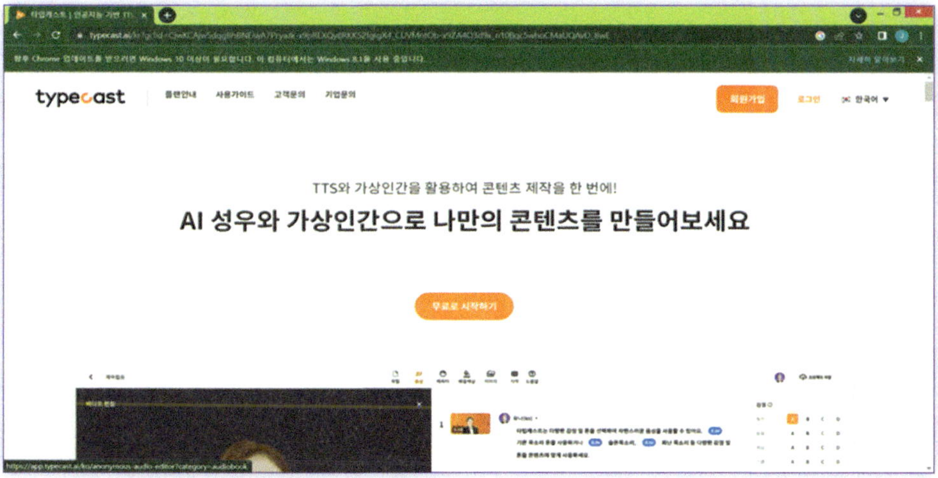

③ 타입캐스트 시작하기 화면을 닫은 후, 프로젝트 저장을 위해 구글 계정을 사용하여 '로그인' 한다.

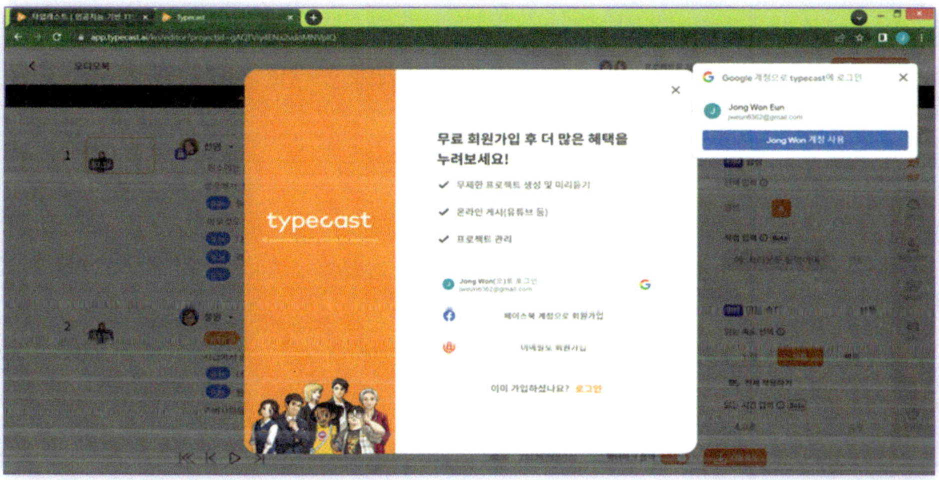

Sign In - Google Accounts - Chrome
Google 계정으로 로그인
계정 선택
typecast(으)로 이동
Jong Won Eun
다른 계정 사용
한국어
도움말
개인정보처리방침
서비스 약관

④ 화면 닫기를 클릭한다.

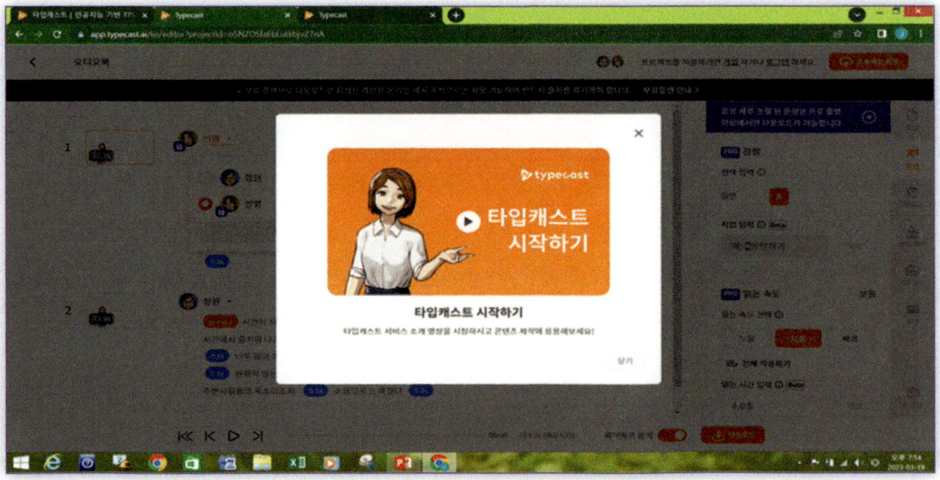
typecast
타입캐스트 시작하기
타입캐스트 시작하기
닫기

⑤ 왼쪽 상단에서 '새로 만들기'를 클릭한다.

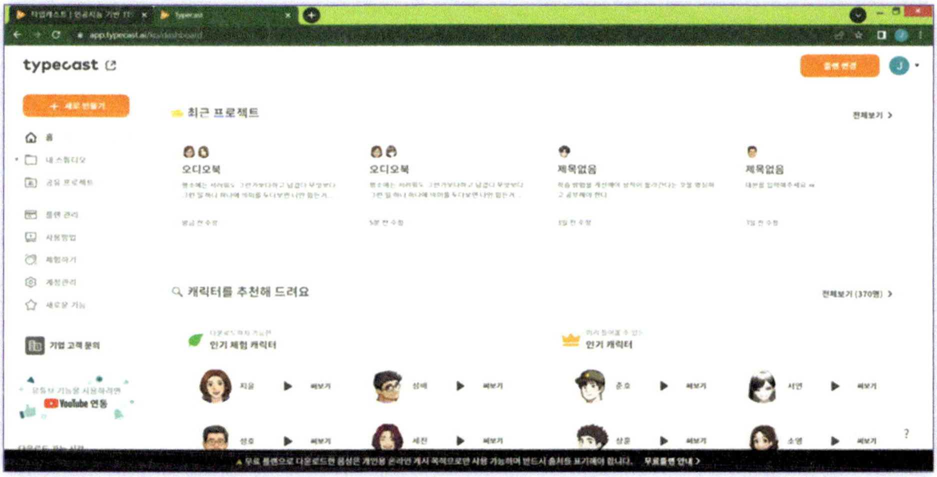

⑥ '새 프로젝트'를 클릭하고, 창 닫기를 클릭한다.

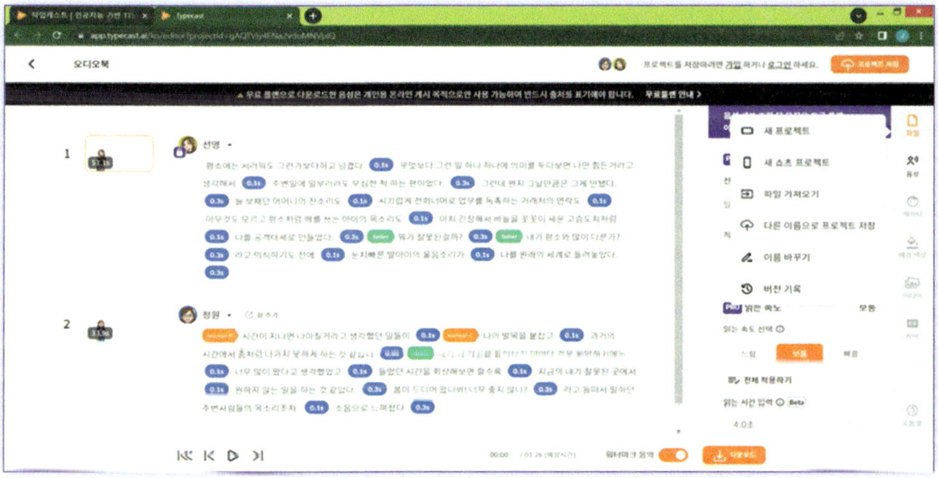

⑦ 오른쪽 캐릭터 심볼을 클릭하고 좌측에 있는 성우 '정원'을 클릭한다.

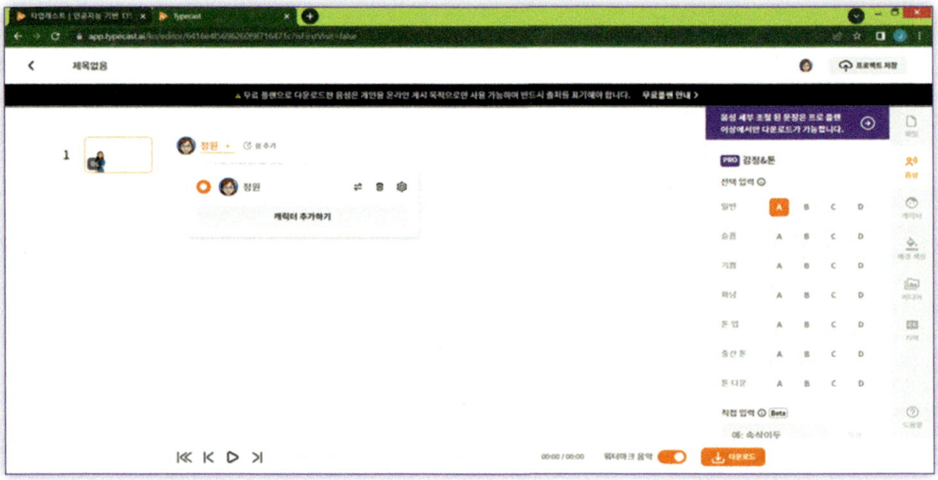

⑧ 우측 하단의 '캐릭터 추가'를 클릭한다.

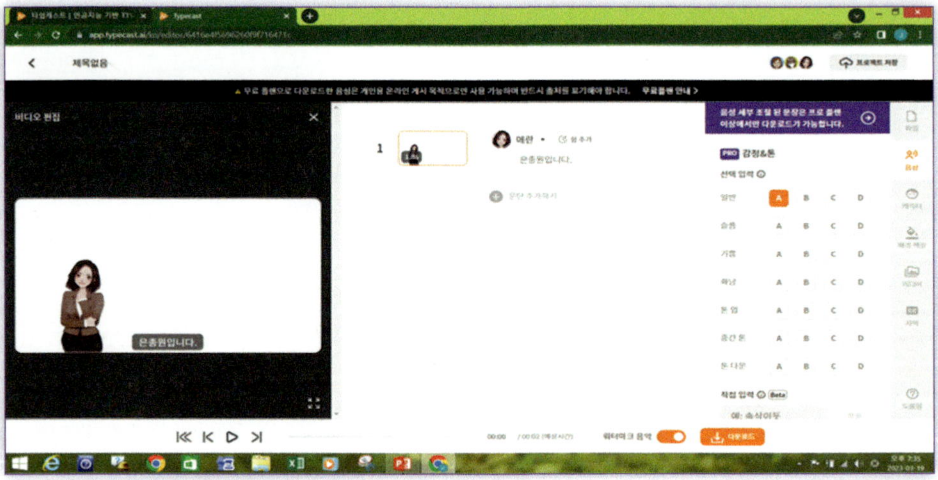

⑨ 영상에 맞는 캐릭터를 추가할 수 있다. 우선 본 책에서는 예시로 성우 애란을 추가하기로 한다. 애란의 캐릭터에 대사를 입력한다. 예시로 대사를 "은종원입니다"를 입력한다.

⑩ 왼쪽 하단 play 버튼(▷)을 클릭하고 닫기를 클릭하면, 해설이 잘 작동되는지 확인해 볼 수 있다.

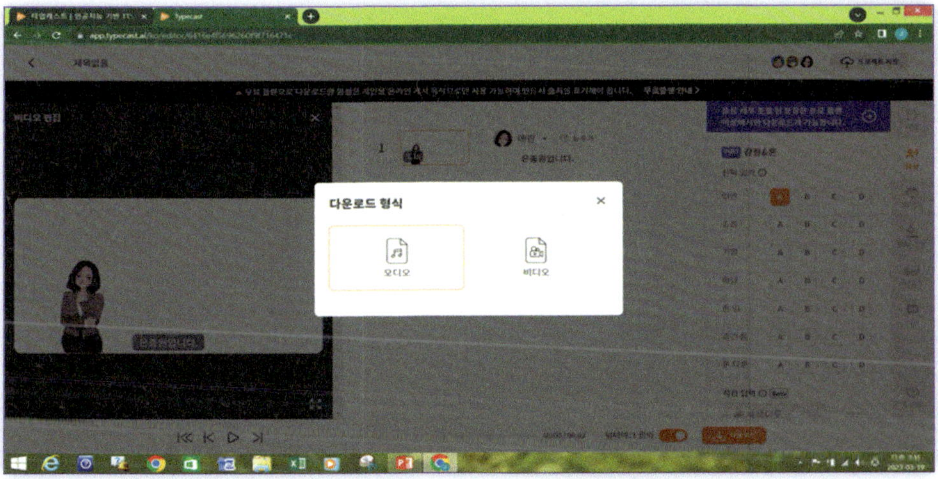

⑪ 오른쪽 하단 '다운로드'를 클릭하고, 다운로드 형식 '오디오'를 클릭한다.

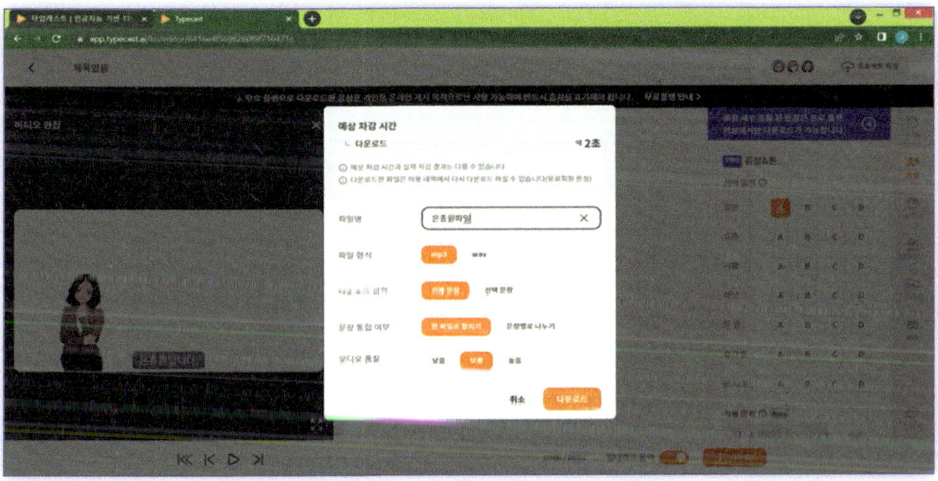

⑫ download를 클릭하면 내 PC '다운로드'에 파일 이름(예, 은송원 파일)이 저장된다

⑬ PC 바탕화면에 새로운 folder를 만들어 파일 이름(예, 은종원 파일)을 저장한다.

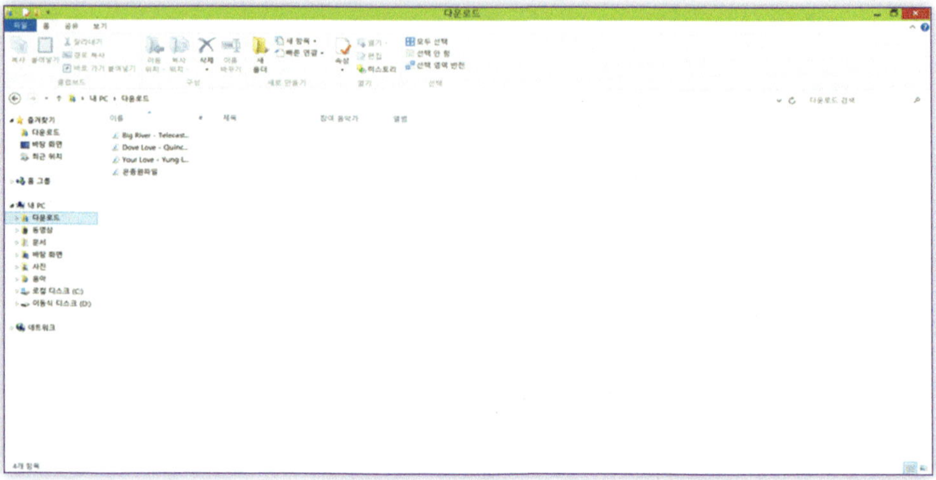

4. 자막(Title) 삽입

자막은 영상에 글자, 도형 등을 삽입할 때 주로 사용된다. 자막은 영상의 제목이나 해설 등의 제작에 많이 사용된다.

타이틀 패널을 불러오려면 타이틀 패널에서 만들어진 타이틀 클립 자료는 프로젝트 패널에 있어 timeline 패널에 drag 하여 집어넣으면 된다.

- Timeline 패널의 기본 편집 도구의 기능은 다음과 같다.
  - 영상 클립 앞부분 혹은 뒷부분을 자를 때에는 Control + b 하면 된다.
  - Backspace 하면 영상 클립 자른 부분이 지워진다.
  - Control + 하면 timeline이 확대된다.
  - Control - 하면 timeline이 작아진다.
  - Control Z 하면 작업 전으로 돌아간다.

영상 클립 앞부분을 잘랐는데 Control Z 하면 잘린 영상 클립 앞부분이 붙은 상태로 돌아가게 된다.

- 영상 클립을 재생하고자 할 때는 spacebar를 이용한다. spacebar는 재생을 위한 단축키에 해당하여 spacebar를 이용하여 소스 패널 및 timeline 패널의 영상 클립들을 재생하거나 멈추게 할 수 있다.

■ timeline 패널의 기본 사용 방법은 다음과 같다.

- timeline은 영상을 직접 편집하는 곳이다. timeline에서는 영상 소스, 드론 이미지, 자막 등이 배치되어 각 위치와 길이를 조정하고 전환 효과를 적용할 수 있다.
- timeline 패널에 영상 클립 소스를 가져오는 방법은 클립 소스가 있는 PC 바탕화면 폴더에서 타임라인 패널까지 직접 drag & drop으로 가져올 수 있다.
- timeline 패널에는 timeline에 올린 영상 클립들을 편집할 때 timeline의 창 크기를 확대, 축소하여 더욱 섬세한 작업을 할 수 있다.
- timeline 패널에서는 비디오 트랙 및 오디오 트랙을 추가뿐만 아니라 삭제할 수 있다.

다음과 같은 순서에 따라 실행하면 자막 삽입이 이루어진다.

① google에 있는 'capcut'을 접속하여 클릭한다.

② capcut interface 창이 뜨면 창의 중앙에 있는 'Newproject'를 클릭한다.

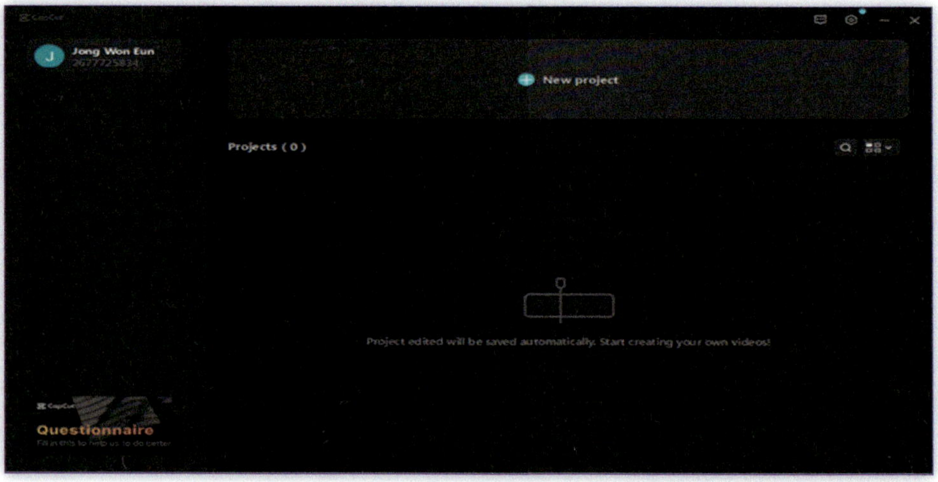

③ Interface 창의 중앙에 있는 'import(가져오기)'를 클릭한 후, PC 바탕화면의 folder에 있는 영상파일, 해설 파일, 음악파일을 각각 순서대로 import 창으로 옮겨온다.

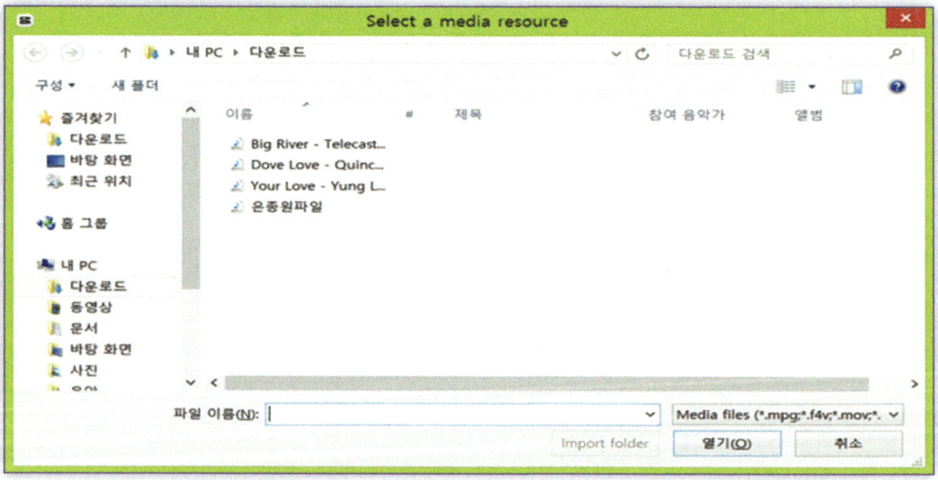

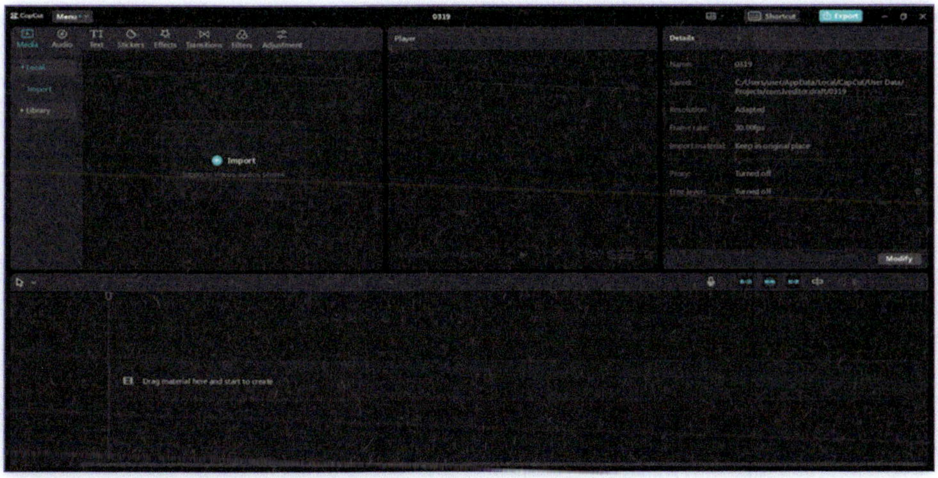

④ Interface 화면에 있는 파일을 drag & drop 하여 다음과 같은 순서대로 아래쪽 interface 하단으로 옮긴다.

〈1〉 자막 트랙 (default text)
〈2〉 video(드론 영상) 트랙
〈3〉 음악 트랙
〈4〉 Narration 트랙

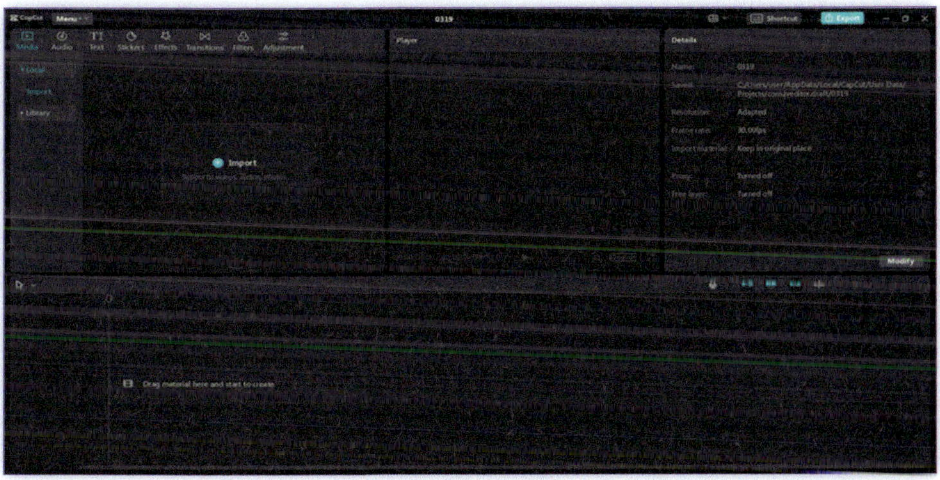

자막 삽입 방법은 다음과 같은 순서에 따라 실행하면 된다.

① interface 좌측 상단에 있는 Text를 클릭한다.

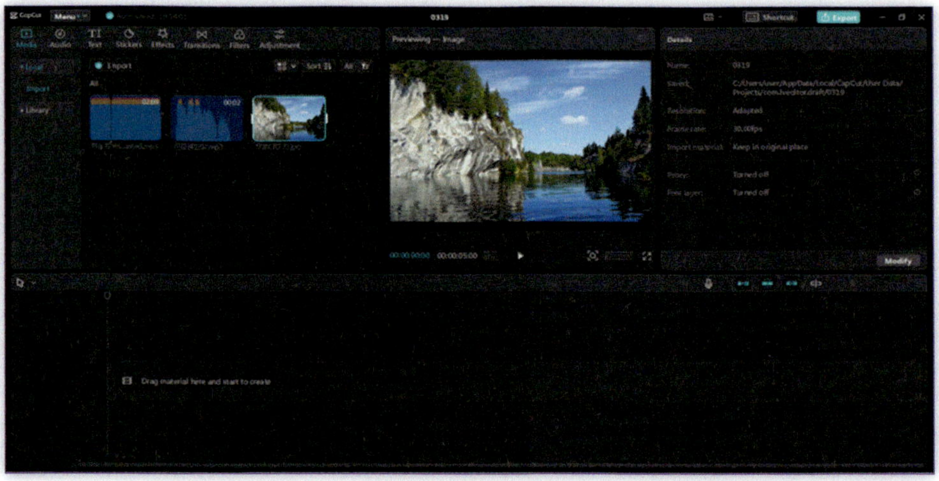

② Default text를 드래그(Drag)하여 아래쪽 창의 상단으로 옮긴다.

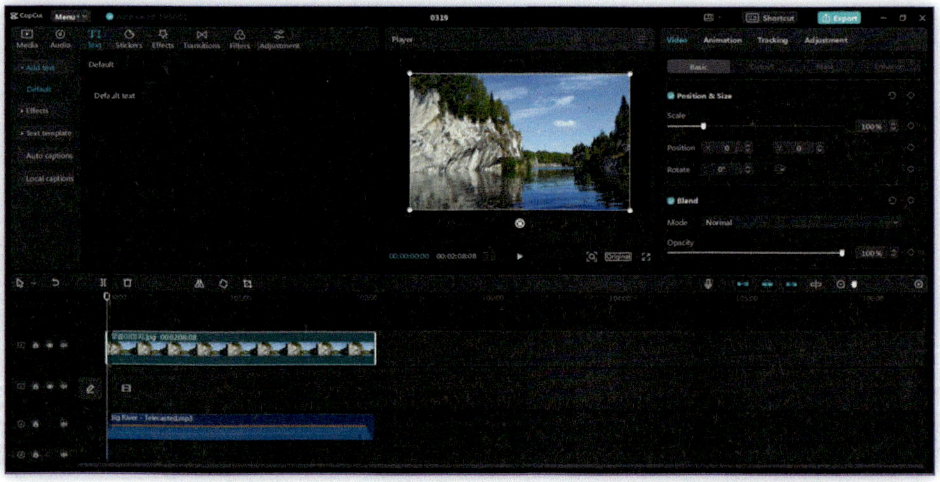

③ 오른쪽 화면 상단 Default text를 지우고 한글로(예, 종원 프로젝트) 변경한다. 여기에서 font(글자) 크기, style(스타일), color(색깔) 등을 변경할 수 있다.

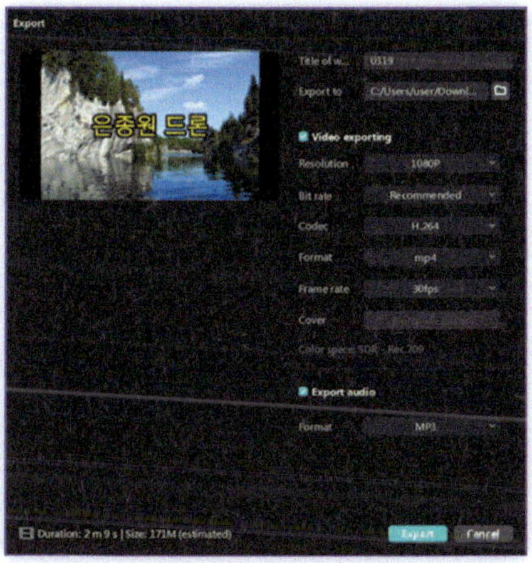

④ 오른쪽 상단 'Export'를 클릭하면 파일에 대한 Title of w...(제목) 변경과 Export to로 저장 위치(예, 내 PC '다운로드')가 지정된다. 또한 video exporting 항목을 변경할 수 있다. resolution(1080p), Bit Rate(Recommended), Codec(H.264), Format(mp4), Frame rate(30fps)

⑤ 오른쪽 하단 파란색 'Export'를 클릭한다.

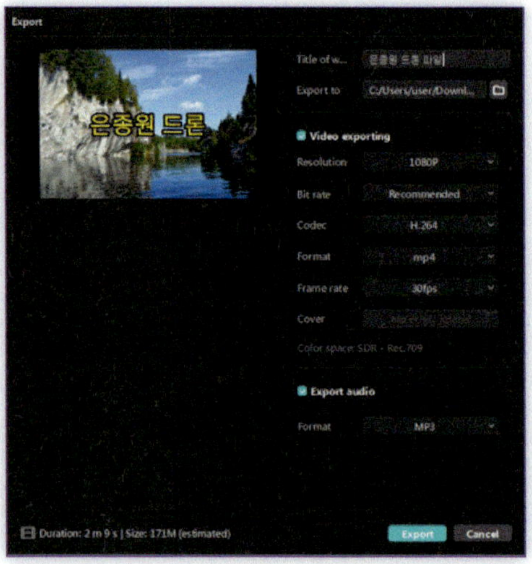

⑥ video exported post it! 화면의 오른쪽 하단 open folder를 클릭하면 내 PC '다운로드'에 파일이 저장된다. 즉 어디에 자막이 저장된 것을 알 수 있다.

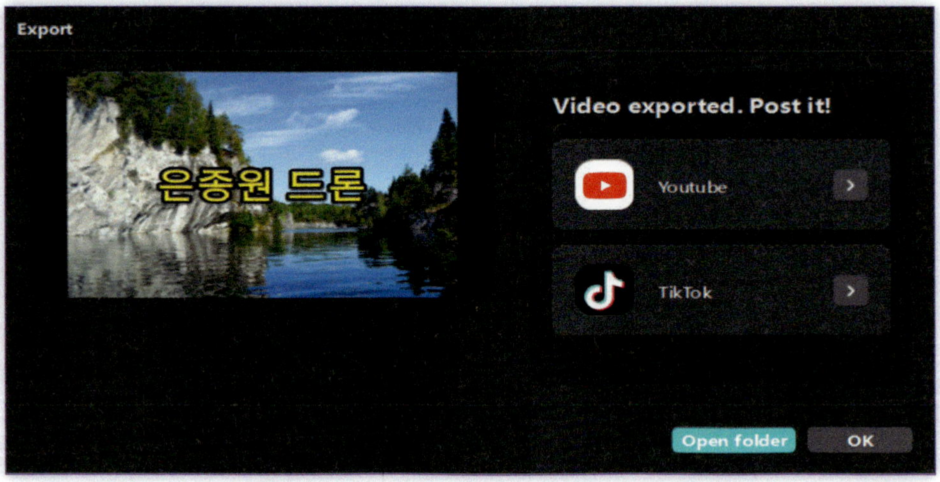

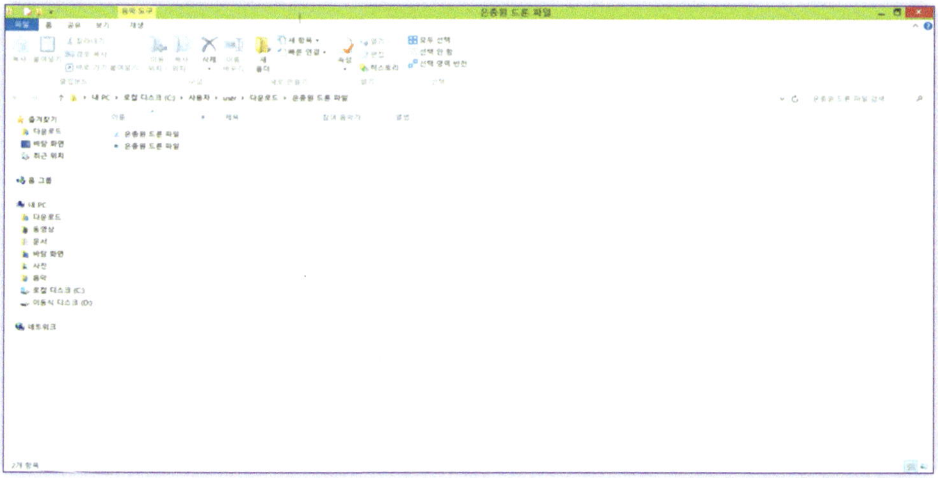

자막이 생성되면 다른 자료들처럼 newproject 패널에 소스 형태로 추가된다. 이것을 timeline의 지정 위치에 drag & drop 하여 넣어 주면 된다. 자막 트랙을 영상 트랙보다 상위트랙에 올려야 영상에서 자막이 보이게 된다. 자막 트랙을 영상 트랙보다 하위트랙에 넣으면 자막이 보이지 않게 된다.

5. 콘텐츠 제작

1) 콘텐츠 Import (가져오기)

임포트(Import)는 촬영하거나 내려받는 영상 클립, 이미지 파일, 음향 자료 등을 timeline에 불러와 프로젝트에 올리는 것을 의미한다.

다양한 콘텐츠 클립들에 대한 임포트하는 방법은 capcut interface 창의 중앙에 있는 import를 클릭한 후 PC 바탕화면 folder(예, jw드론영상)를 열어 영상 화면을 drag & drop 하여 timeline으로 옮기면 된다

영상의 자연스러운 시작과 종료를 오디오 페이드인(fade in), 페이드아웃(fade out) 효과를 이용하여 연출할 때 오디오 앞(영상 시작), 뒤쪽(영상 종료 부분) 페이드 인과 아웃 효과 넣기가 사용된다.

오디오 페이드인은 오디오 볼륨(volume)이 무음(0)에서 서서히 커지는 효과이고, 페이드아웃은 서서히 볼륨이 작아지는 것이다. 오디오 페이드인, 페이드아웃은 소리가 갑자기 시작되거나 영상이 종료될 때 갑자기 오디오가 종료되어 어색해지는 것을 방지하기 위해 사용된다. 오디오 페이드인, 페이드아웃은 영상의 전체 줄거리 종결이나 영상 클립의 마무리를 도와주며 자연스러운 미디어의 시작과 종료를 표현할 때 사용된다.

영상 배경에 사용되는 오디오를 영상 클립의 시작과 종료에 알맞게 적용해야 한다.
일반적으로 영상 시작부에서는 영상이 빨리 나타나고 종료부에서는 천천히 사라지게 하는 것이 자연스럽기 때문에 시작부의 오디오 페이드인보다 종료부의 오디오 페이드아웃을 조금 길게 설정하여 연출한다.

설정이 완료되면 timeline을 이용하여 실행한다. 영상 클립의 시작과 함께 음원 볼륨이 커지면서 영상이 나타나고 영상이 페이드아웃 되면서 음원도 함께 페이드아웃 되게 된다.

자료 모니터에서 영상 클립의 필요한 부분을 잘라내어 작업 중인 timeline 영상에 끼워 넣거나 덮어쓰기를 할 수 있다.

2) 콘텐츠 Export (내보내기)

편집이 완료되면 작업한 프로젝트(최종 결과물)를 기준으로 최종 동영상이나 음악파일로 저장(내보내기)하는 렌더링(Randering) 과정을 거쳐 원하는 포맷으로 만들어야 한다. 최종 결과물이 어디에 쓰일 것인지 미리 계획한 후 그에 맞는 설정으로 렌더링 해야 한다.

다음은 렌더링 하여 영상을 output 하는 방법 즉 export에 대해 알아보기로 한다.

Keynote Navigator

렌더링이란?

편집이 완성된 동영상을 특정 코덱을 활용하여 영상을 압축하는 과정이다. 이 과정에서 파일 크기를 좌우하는 것은 영상 크기, 코덱의 종류, 프레임 rate, bit rate이다.

콘텐츠를 Output(Export) 하기 위해서는 다음 순서에 따르면 된다.

① interface 창에서 오른쪽 상단 export 클릭하면 창이 뜬다.

■ video exporting

video exporting은 비디오 output 할 때 세부적인 렌더링 설정을 확인하고 조정할 수 있다.
output 영상의 최종 포맷에 따라 세부 설정 사항도 일부 변경이 가능하다.
output 영상의 최종 포맷의 예는 다음과 같다.

- typing: 정자역
- resolution: 1080p
- codec: H.264
- format: mp4
- frame rate: 30 fps

■ export audio:

export audio는 output 될 오디오의 각종 설정을 확인하여 조종한다.

② format MP3(고정값)를 클릭한다.

③ export를 클릭한 후 open folder @ local disk c (예, 정자역)을 클릭한다.
연결프로그램 s-player를 클릭하면 영상이 뜬다.

④ 저장 경로 Export to 파일 icon을 클릭하면 @ PC 바탕화면 "(예, 드론영상강의)"에 export 하게 된다.

Keynote Navigator

bps(단위 시간당 데이터 전송 속도)

bps 값이 크면 영상 데이터 품질은 좋아지지만 데이터 크기는 증가하여 관련 영상을 online에 올렸을 때 시청하는 사람들은 큰 데이터를 저장(load)하여야 한다.

Keynote Navigator

MP3와 MP4의 차이

MP3는 MPEG-1 Audio Layer 3의 약자로 1993년에 발표한 MPEG-1의 오디오 규격에 맞게 개발되었다. MP3는 MPEG-2와 MPEG-2.5로 확장된 손실 압축 포맷이다. MP3는 압축이 전혀 되어 있지 않은 PCM(Pulse Code Modulation, 펄스 코드 변조) 음원보다 용량을 1/10 가량으로 줄일 수 있는 장점이 있다.

MP4는 영상/음성의 압축 기술뿐만 아니라, 이를 저장 전송하기 위한 방법 및 저작권 관련 기술 등 매우 광범위한 범위를 아우르는 표준 규격이다. 인터넷에서 MP4는 MPEG-4 Part.10의 H.264/AVC(Advanced Video Coding, 고급 영상 부호화)와 MPEG-2 Part.3의 AAC(Advanced Audio Coding, 고급 오디오 부호화)로 조합하여 압축된 영상 파일을 말한다.

Keynote Navigator

H.264

H.264는 국제 표준화기구인 ITU-T와 ISO에서 공동으로 제안한 차세대 동영상 압축기술이다. H.264는 H.264/AVC 혹은 AVC/H.264, H.264/MPEG-4 AVC, MPEG-4/H.264 AVC라고 도 한다. H.264는 MPEG3에 비해 40% 정도, MPEG2에 비해 60% 이상 전송속도가 빠른 장점이 있다. H.264는 MPEG2 등 기존의 동영상 압축 표준에 비해 유연성과 압축 효율이 높지만 인코딩이나 디코딩을 구현할 때 복잡도가 증가하는 단점이 있다.

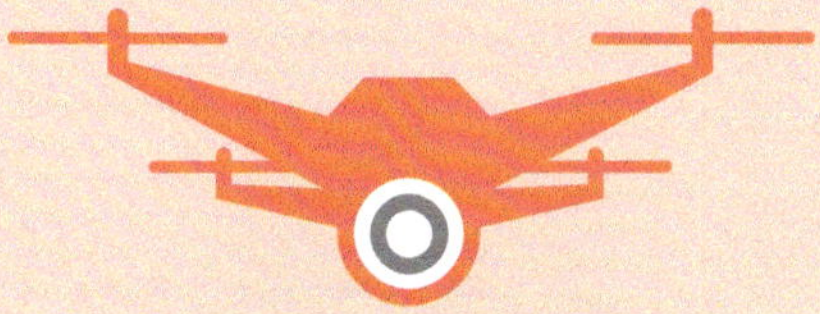

제5부

드론 안전 운항 관리

제5부 드론 안전 운항 관리

제1장 드론 관련 법규

드론이란 법적으로 '조종자가 탑승하지 않은 채 항행할 수 있는 비행체'로 정의되고 있으나 통상 무인기를 드론이라 한다. 항공에 관한 기본법령인 「항공 안전법」에서 규정하는 무인 항공기와 무인 비행 장치를 드론으로 준용하고 있다. 시장변화에 따라 드론 택시나 도심 항공 모빌리티(Urban Air Mobility : UAM) 등과 같이 새롭게 등장할 비행체도 탄력적으로 드론으로 규정할 수 있는 근거를 2019년 4월 드론 산업 육성에 관한 특별법인 「드론 활용 촉진 및 기반 조성에 관한 법률」(이하 '드론 법')을 제정하였다. 드론(무인 항공기, 무인 비행 장치)을 지상에서 제어하는 과정에서 사용할 수 있는 주파수는 국가별로 정해져 있다. 우리나라의 전파법(2012. 12. 5. 시행 제2012-100호)에서는 5,030MHz ~ 5,091MHz 대역을 '무인 항공기 지상 제어용'으로 처음으로 분배하였었고, 이것이 항공 업무용 무선설비의 기술기준에 실제로 적용은 2015년부터 시작되었다.

「항공법」에 따라 연료를 제외한 자체 중량이 150kg 이하인 것은 '무인 비행 장치'로 불리고 있으며, 150kg 초과 시에는 '무인 항공기'로 정의하고 있다. 현재 우리나라에서의 드론은 '초경량 비행 장치' 중 '무인 비행 장치'로서 항공법의 규율을 받고 있다. 그러나 2017년 3월에 기존 항공법이 폐지된 이후부터는 「항공 안전법」, 「항공 사업법」 및 「공항 시설법」에서 드론에 관한 규정을 제시하였다. 특히 드론 장치의 범위와 조종자의 자격, 비행 가능 공역 등을 비교적 상세히 구분해서 안내하고 있다.

「드론 활용의 촉진 및 기반 조성에 관한 법률」(약칭: 드론법)을 비롯한 관련 주요 법령 및 드론 관련 참고 법령을 다음과 같다.

법 령	시 행 령	시 행 규 칙
드론법	시행령	시행규칙
항공안전	시행령	시행규칙
항공사업법	시행령	시행규칙
항공보안법	시행령	시행규칙
항공철도사고조사법	시행령	시행규칙
인천국제공항공사법	시행령	
한국공항공사법	시행령	
항공안전기술원법	시행령	
한국교통안전공단법	시행령	
	항공기등록령	항공기등록규칙
	항공정보간행물발간 규정	국제항공운수권 및 영공통과이용권 배분 등에 관한 규칙
	공항시설관리권 등록령	시행규칙

또한 드론 관련 참고 법령은 다음과 같다.

드론 관련 참고 법령의 법령, 시행령, 시행규칙에 대한 안내		
법 령	시행령	시행규칙
전파법	시행령	시행규칙
국립항공박물관법	시행령	
공항소음방지및 소음대책지역 지원에 관한 법률	시행령	시행규칙
군용비행장·군 사격장 소음 방지 및 피해 보상에 관한 법률	시행령	시행규칙

드론 관련 참고 법령의 법령, 시행령, 시행규칙에 대한 안내		
소음·진동관리법	시행령	시행규칙
교통약자의 이동편의증진법	시행령	시행규칙
국가통합교통체계효율화법	시행령	시행규칙
	정부청사관리규정	시행규칙
항공우주산업개발 촉진법	시행령	시행규칙
우주개발 진흥법	시행령	시행규칙
우주손해배상법		
기상법	시행령	시행규칙
군용항공기 운용 등에 관한 법률	시행령	
군용항공기 비행 안전성 인증에 관한 법률	시행령	
보조금 관리에 관한 법률	시행령	
농지법	시행령	시행규칙
하천법	시행령	시행규칙
국가를 당사자로 하는 계약에 관한 법률	시행령	시행규칙
국가공간정보 기본법	시행령	
국유재산법	시행령	국유재산의 위탁에 관한 규칙
국유재산특례제한법	시행령	
공익사업을 위한 토지 등의 취득 및 보상에 관한 법률	시행령	시행규칙
전자 조달의 이용 및 촉진에 관한 법률	시행령	시행규칙
	특정 물품 등의 조달에 관한 국가를 당사자로 하는 계약에 관한 법률시행령 특례규정	특정 물품 등의 조달에 관한 국가를 당사자로 하는 계약에 관한 법률 시행 특례 규칙
조달혁신위원회 운영 규정	혁신조달 기획관 업무 심의회 운영 규정	조달청 혁신 장터 운영 규정
조달청혁신 장터 운영약관	우수 조달 물품 지정관리 규정	품질보증 조달 물품 지정 및 관리 규정

1. 항공 안전법과 항공 사업법

「항공 안전법」 제1조(목적)에서, "국제민간항공협약 및 같은 협약의 부속서에서 채택된 표준과 권고되는 방식에 따라 항공기, 경량 항공기 또는 초경량 비행 장치가 안전하게 항행하는 방법을 정함으로써 생명과 재산을 보호하고, 항공 기술 발전에 이바지함을 목적으로 한다."라고 정의하고 있다. 또한 항공 사업법 제1조(목적)에서는, "항공 정책의 수립 및 항공 사업에 관하여 필요한 사항을 정하여 대한민국 항공 사업의 체계적인 성장과 경쟁력 강화 기반을 마련하는 한편, 항공 사업의 질서유지 및 건전한 발전을 도모하고 이용자의 편의를 향상시켜 국민경제의 발전과 공공복리의 증진에 이바지함을 목적으로 한다."라고 정의하고 있다.

「항공 안전법」 제2조 제3호 및 동법 시행규칙 제5조 제5호 가목에 의하면, 드론에 관한 현재의 정의를 하고 있다. 즉, "드론의 기체 분류는 동법에 초경량 비행 장치의 하위 부류로 무인 비행 장치를 분류하면서 해당 무인 비행 장치의 자체 중량이 150kg 이하인 무인 동력 비행 장치로 정의"하고 있으며, "사람이 탑승하지 않고 원격조종 등의 방법으로 비행하는 항공기를 무인 항공기"로 정의하고 있다.

우선 무인 비행 장치 사용 사업을 할 경우에는 소속 조종자가 조종자 증명을 취득해야 한다고 정하고 있으며 관련 장치 신고 및 사업 등록은 서울지방항공청 항공 안전과 및 부산지방항공청 항공 안전과 등의 관련 기관에 드론 대상 등록을 위한 처리 순서를 나타내었다. 또한 초경량 비행 장치 사용 사업을 위하여 필요한 인허가 절차는 초경량 비행 장치 사용 사업 등록, 장치신고, 비행 승인, 조정면허가 요구된다. 따라서 초경량 비행 장치 사용 사업 등록을 위해서는 「항공 사업법」 제48조에 따라, 초경량 비행 장치 사용 사업 등록은 국토교통부 장관에게 신청서와 사업계획서, 그 밖에 필요한 서류를 제출하여야 한다. 이러한 절차는 국토교통부 서울지방항공청 "드론 원스톱 민원 포털 서비스(drone.onestop.go.kr)"에서 이용하면 된다.

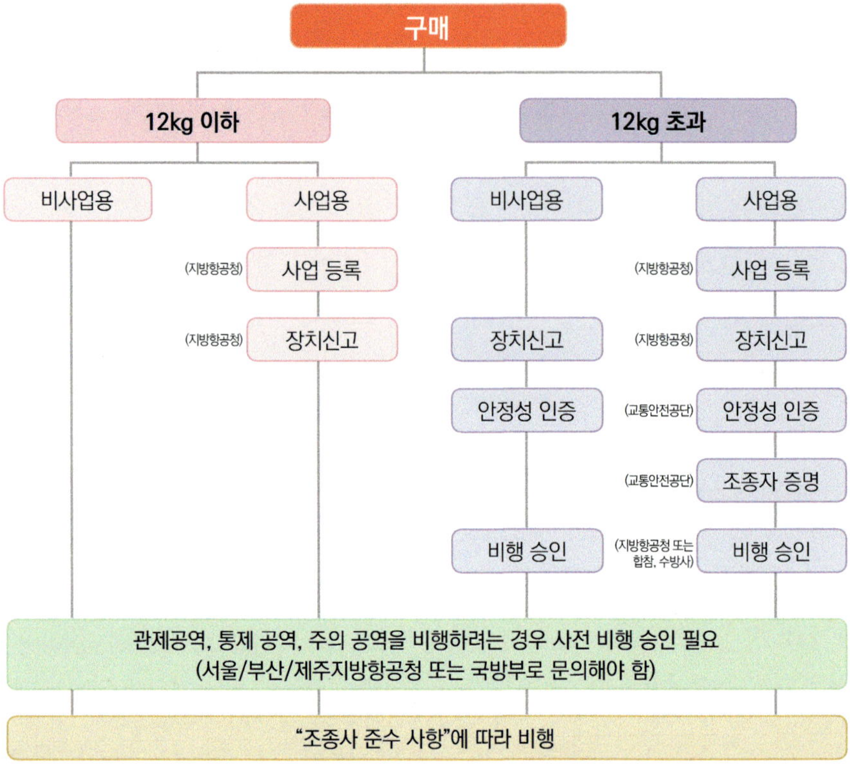

항공 사업법, 제5절 초경량비행장치사용사업

제48조(초경량비행장치사용사업의 등록) ① 초경량비행장치사용사업을 경영하려는 자는 국토교통부령으로 정하는 바에 따라 신청서에 사업계획서와 그 밖에 국토교통부령으로 정하는 서류를 첨부하여 국토교통부 장관에게 등록하여야 한다. 등록한 사항 중 국토교통부령으로 정하는 사항을 변경하려는 경우에는 국토교통부 장관에게 신고하여야 한다.

② 제1항에 따른 초경량비행장치사용사업을 등록하려는 자는 다음 각호의 요건을 갖추어야 한다. 〈개정 2016. 12. 2.〉

1. 자본금 또는 자산평가액이 3천만 원 이상으로서 대통령령으로 정하는 금액 이상일 것. 다만, 최대 이륙중량이 25kg 이하인 무인 비행 장치만을 사용하여 초경량비행장치사용사업을 하려는 경우는 제외한다.
2. 초경량 비행 장치 1대 이상 등 대통령령으로 정하는 기준에 적합할 것
3. 그 밖에 사업 수행에 필요한 요건으로서 국토교통부령으로 정하는 요건을 갖출 것

③ 다음 각호의 어느 하나에 해당하는 자는 초경량비행장치사용사업의 등록을 할 수 없다.

1. 제9조 각호의 어느 하나에 해당하는 자
2. 초경량비행장치사용사업 등록의 취소처분을 받은 후 2년이 지나지 아니한 자.

   초경량비행장치 신고를 위해서는 항공 안전법 제122조에 준해 초경량비행장치를 소유하거나 사용할 수 있는 권리가 있는 자는 초경량비행장치의 종류, 용도, 소유자의 성명, 개인정보 수집 가능 여부 등을 국토교통부 장관에게 신고하여야 하고, 한 최대 이륙중량이 25kg 이상인 드론은 교통안전공단으로부터 안전성 인증도 받아야 한다.

항공안전법 제10장 초경량비행장치

제122조(초경량비행장치 신고) ① 초경량비행장치를 소유하거나 사용할 수 있는 권리가 있는 자(이하 "초경량비행장치소유자등"이라 한다)는 초경량비행장치의 종류, 용도, 소유자의 성명, 제129조 제4항에 따른 개인정보 및 개인위치정보의 수집 가능 여부 등을 국토교통부령으로 정하는 바에 따라 국토교통부 장관에게 신고하여야 한다. 다만, 대통령령으로 정하는 초경량비행장치는 그러하지 아니하다.
② 국토교통부 장관은 제1항에 따라 초경량비행장치의 신고를 받은 경우 그 초경량비행장치소유자등에게 신고번호를 발급하여야 한다.
③ 제2항에 따라 신고번호를 발급받은 초경량비행장치소유자등은 그 신고번호를 해당 초경량비행장치에 표시하여야 한다.

초경량비행장치의 비행 승인과 조종자 증명 관련 취미 등 개인적인 용도로 사용하는 드론과 사업용 드론 중 자체 무게가 12kg 미만인 드론의 경우에는 조종자 증명 및 비행 승인을 받지 않고도 비행을 할 수 있으나, 일부 지역에 대해서는 국방부의 비행 승인과 항공 촬영 승인이 필요하다. 즉, 비행장 주변 관제권, 비행금지구역, 고도 150m 이상 등의 공역은 장치 무게와 무관하게 비행 승인을 요구한다. 이러한 지역은 국토교통부와 한국 드론협회가 공동 개발한 어플(Read to fly)을 이용하여 검색할 수 있고, 비행 승인은 국토부 '원스톱 민원 처리시스템'을 통해 정보를 받을 수 있다.

[출처: https://drone.onestop.go.kr]

「항공 사업법」 제70조 제4항 손해배상 및 보험의 경우에 관한 내용을 제시하고 있다. 현재 초경량비행장치사용사업자, 항공기대여업자, 항공 레저스포츠 사업자는 항공보험 중 제3자 책임보험 가입 의무가 있으나, 보험자에 지급을 거절할 사유에 해당하여 피해의 보전이 필요한 경우에는 민법 제750조를 통해 손해배상 절차를 거쳐야 하는 복잡성을 갖고 있다.

「개인정보 보호법」의 경우는 「항공 안전법」 제122조 제1항에서는 촬영 신고 및 허가 관련, 동법 제129조 제4항에서는 개인정보 보호법 저촉행위, 위치 정보 보호법 저촉행위에 대한 사항이 제시되었으나, 12kg 미만 드론은 신고 의무가 없어 개인정보 및 개인위치정보 수집 가능 여부를 파악할 방법이 사실상 없다.

단속, 벌칙, 사고조사의 경우 「항공 안전법」 제149조 제1항 단속 및 벌칙 1, 동법 제161조 제3항 단속 및 벌칙 2, 동법 제2조 제8호 사고조사에 대한 사항으로 제시하고 있으며, 제149조 제1항에 따르면 “과실로 드론을 파손한 사람에 대해 1년 이하의 징역 또는 1천만 원 이하의 벌금형"으로 정하고 있다.

「드론 활용의 촉진 및 기반 조성에 관한 법률」(약칭: 드론법)은 제1장 총칙, 제2장 정책추진체계, 제3장 드론 산업의 육성, 제4장 보칙 및 부칙으로 드론 활용 촉진에 관하여 자세하게 정의하고 있다.

제1장 총칙, 제1조(목적)과 제2조(정의)와 제3조(드론 산업의 지원)를 발췌 제시하였다.

제1조(목적) 이 법은 드론 활용의 촉진 및 기반 조성, 드론 시스템의 운영·관리 등에 관한 사항을 규정하여 드론 산업의 발전 기반을 조성하고 드론 산업의 진흥을 통한 국민편의 증진과 국민경제의 발전에 이바지함을 목적으로 한다.

제2조(정의) ① 이 법에서 사용하는 용어의 뜻은 다음과 같다.
1. "드론"이란 조종자가 탑승하지 아니한 상태로 항행할 수 있는 비행체로서 국토교통부령으로 정하는 기준을 충족하는 다음 각 목의 어느 하나에 해당하는 기기를 말한다.
   가. 「항공안전법」 제2조 제3호에 따른 무인비행장치
   나. 「항공안전법」 제2조 제6호에 따른 무인항공기
   다. 그 밖에 원격·자동·자율 등 국토교통부령으로 정하는 방식에 따라 항행하는 비행체
2. "드론시스템"이란 드론의 비행이 유기적·체계적으로 이루어지기 위한 드론, 통신체계, 지상통제국(이·착륙장 및 조종인력을 포함한다), 항행 관리 및 지원체계가 결합된 것을 말한다.
3. "드론 산업"이란 드론시스템의 개발·관리·운영 또는 활용 등과 관련된 산업을 말한다.
4. "드론사용사업자"란 타인의 수요에 맞추어 드론을 사용하여 유상으로 운송, 농약 살포, 사진 촬영 등의 업무를 수행할 목적으로 「항공사업법」 제2조 제23호에 따른 초경량비행장치사용사업 등 국토교통부령으로 정하는 사업을 영위하는 자를 말한다.
5. "드론교통관리"란 드론 비행에 필요한 각종 신고·승인 등 업무의 지원 및 비행에 필요한 정보제공, 비행경로 관리 등 드론의 이륙부터 착륙까지의 과정에서 필요한 관리 업무를 말한다.

② 제1항에 규정된 것 외의 용어에 관하여는 이 법에서 특별히 정하는 경우를 제외하고는 「항공안전법」 제2조 및 「항공사업법」 제2조에 따른 용어의 정의에 따른다.

제3조(드론산업의 지원) ① 국가 및 지방자치단체는 드론 산업을 지속 가능한 경제 성장 동력으로 육성하고 기업 간 상생 문화를 구축하며 건전한 산업 생태계를 조성하기 위하여 행정적·재정적·기술적 지원을 할 수 있다. 〈개정 2021. 12. 7.〉
② 국가 및 지방자치단체는 소방·방재·방역·보건·측량·감시·구호 등의 공공부문에서 드론이 활용될 수 있도록 노력하여야 한다. 〈신설 2021. 12. 7.〉

2. 전파법

드론(무인항공기, 무인 비행 장치)을 지상에서 제어하는 과정에서 사용할 수 있는 주파수는 국내 무인 이동체용 주파수는 대한민국 주파수 분배 표상 무인 항공기 제어용(지상, 위성)과 임무용으로 분류되며 대게는 드론용으로 통용된다. ITU(국제전기통신연합)가 무인항공기 전용의 제어용 주파수를 분배하고, 국내는 이를 준용하고 있다. 임무용 주파수의 경우에는 국가별 분배가 매우 다르나 국내는 과학기술 정보통신부에서 제정 공포한 주파수 관련법에 따라 정의된다. 예를 들자면, 한국은 2015년 12월 '무인 항공기'의 전용 주파수로 5,030MHz ~ 5,091MHz 대역(61MHz 폭)을 할당하였다(참고, 항공 업무용 무선설비의 기술기준(국립전파연구원 고시, 제2015-28호) 제22조).

번호	법령명	공포 일자	법령 종류	공포 번호	시행 일자	제정·개정	소관 부처
1	전파법	2021. 6. 8.	법률	제18199호	2022. 6. 9.	일부개정	과학기술정보통신부 방송통신위원회
2	전파법 시행령	2022. 1. 11.	대통령령	제32329호	2023. 1. 1.	일부개정	과학기술정보통신부 방송통신위원회

「전파법」 제9조 제3항에 따른 (구) 「대한민국 주파수 분배 표」(방송·통신위원회고시 2012. 12. 5. 시행 제2012-100호)는 5,030MHz ~ 5,091MHz 대역을 '무인 항공기 지상 제어용'으로 처음으로 분배하였다. 이후에 항공 업무용 무선설비의 기술기준에 실제로 적용된 것은 제2015-28호 항공 업무용 무선설비의 기술기준(국립전파연구원 고시)부터이다. 무인 비행 장치'(연료의 중량을 제외한 자체 중량이 150kg 이하인 무인비행기 등, 「항공 안전법」 시행규칙 제5조 제5호)에 대해서는 허가가 필요 없는 2.4GHz, 5GHz 대역이 주로 이용되고 있다.

드론의 제어(자세 및 고도 등) 및 임무(데이터 및 영상전송 등)에 주로 사용되는 주파수는 넓은 대역폭과 출력이 보장되는 ISM 대역(2.4GHz/5GHz)이 주로 이용되고 있다. 아울러 드론의 무선설비는 WiFi나 블루투스를 사용하고 있으므로 기존 무선 데이터 통신용 무선설비 등의 기술기준을 따른다. 국가별로 전파환경 등에 따라 기술기준을 달리 운용하고 있으며, 요구되는 파라미터도 다소 상이하다.

국내에서는 5GHz 대역은 5,091MHz ~ 5,150MHz 대역 59MHz 폭이 공급된 바 있으며(2016년 10월), 제어용의 경우 소형 무인 항공기는 2.4GHz와 5GHz 대역 비면허 주파수를 이용하고 있다. 중대형 무인기는 전용 대역을 이용하는 추세에 따라 국내에서도 5,030MHz ~ 5,091MHz 대역을 지상 제어용 주파수로 분배됐다.

전파법 시행령 일부 개정령에서는 "불법 드론 무력화 등 공공안전을 위해 불가피한 경우 전파 차단을 허용할 수 있도록 「전파법」이 개정됨에 따라 제조·수입·판매 인가, 전파 차단장치 도입·폐기 신고 절차 등을 마련하고, 전자파 강도보고 기한에 휴일을 포함하지 않도록 하며, 불가피한 경우 보고 연장을 신청할 수 있는 근거를 마련하는 등 현행 제도의 운용상 나타난 일부 미비점을 개선·보완하려는 것임"으로 입법예고 되었다.

「전파법」 시행규칙에서 정의된 2.4GHz에서는 30mW, 5.8GHz에서는 10mW 출력 미만으로 제한하고 있고, 드론의 경우 99.9% 전파인증 대상이라고 본다. 전파인증이라는 것은 드론을 포함해 스마트폰 태블릿 등 전파를 사용하는 기기를 제조 또는 수입하여 판매하기 전에 등록하는 절차이다.

전파인증을 받지 않은 제품은 판매가 불가하며 적발 시에는 3년 이하의 징역 또는 3천만 원 이하의 벌금형에 처할 수 있다. 「전파법」에서 보면 방송 통신기자재 등의 적합성 평가를 명시하고 있다. 우리나라에서는 KC 강제 인증제도가 있으며, 국가별로 해당 관계 부서에 의해 전파인증 제도를 시행하고 있다.

국내 드론 주파수 정책 현황을 보면 국내 드론 주파수 정책은 과학기술정보통신부의 중장기 주파수 계획을 통해 살펴볼 수 있다. 2020년 산업 생활 스펙트럼 플랜(2017년 12월)에 따르면 지상 제어용 5,030MHz ~ 5,091MHz 대역의 채널 수 확대(대역폭 250kHz 기준) 및 출력 완화 계획이 발표되어 추진되기도 했다. 통신장비 수급의 용이성 등 산업 생태계를 고려하여 저대역의 전용 주파수(유럽 433MHz 대역 등)의 추가 발굴 및 확보가 요구되고 있어, 이후 5G+ 스펙트럼 플랜(2019년 12월)과 같은 주파수 계획을 통해 433MHz 대역의 확보 계획 등이 언급되기도 했다.

추가로 고해상도 영상전송용 주파수(5,091MHz ~ 5,150MHz)의 이용기준 마련과 비 면허가 아닌 저고도 소형 드론제어 전용 주파수 분배의 검토도 이뤄지고 있다. 해당 대역은 기존 임무용 주파수의 경우 공항 통신(AeroMacs)용 과의 지리적 이격 등 상호공존 방안이 검토되어야 함에 따라 실제 이용을 위한 관련 논의가 추진되고 있다.

유럽은 ISM 대역 중 433MHz 대역, 북남미 지역은 900MHz 대역에서 면허 없이 드론 통신에 사용 가능한 모듈이 장착되어 활용되고 있다. 국내에서는 433MHz나 900MHz 주파수가 ISM 용도로 분배된 대역이 아니기 때문에 ISM 용도로 사용할 수 없고, ISM 대역에서 별도의 주파수 용도를 지정하여 사용하고 있다.

중요한 점은 드론 주파수로 인해 다른 무선국에 유해한 혼신을 주지 않아야 하며, 다른 무선국에 의한 혼신으로부터 보호받을 수 있어야 한다는 것이다. 주요국의 드론 주파수 기술기준 특징과 국외 드론용 주파수 할당이다.

국가명	기술기준 및 특징
한국	• 허가 없이 운용할 수 있는 무선국용 무선설비 기술기준(과학기술정보통신부 고시)에 적합하게 사용되어야 함. • 무선설비의 적합성 평가를 통해 기술기준 적합성 인증 또는 등록된 주파수에 대해 사용허가 또는 신고 없이 운용이 가능.
미국	• FCC의 Title 47 CFR 규정 중 Part 15(Radio Frequency Devices)에서 세부 사항을 다루고 있음 • 902~928MHz 대역이 ISM 대역으로 분배되어 있으므로 위 대역에서 미연방 기술기준 조건만 맞으면 통신 모듈로 사용할 수 있음.
유럽	• CEPT 소속의 ECC에서 결정 사항과 권고사항을 개발하며, 드론 주파수 기술기준은 ECC/DEC/(04) 08과 ECC/ ERC Recommendation 70-03에서 세부 사항을 다루고 있음.

유럽의 드론 주파수는 주로 2.4GHz, 5.8GHz 비면허 대역을 사용해왔으나, 최근 이용이 포화(over crowded)하고 있어, 433MHz 대역의 이용을 확대 중이다.

유럽 우편 전기 통신주관청(CEPT: Conference of European postal & Telecommunication)에 따르면 현재 많은 드론 장비가 2.4GHz, 5.8GHz, 433MHz(433.05-434.79MHz) 대역을 사용 중이며, 2.4GHz, 5.8GHz 대역은 이용 포화와 출력제한 등의 문제로 추가 주파수 수요가 증가하고 있다. 433MHz 대역의 경우에는 드론제어용으로 3개의 기본채널 사용(433.175MHz, 433.375MHz 및 433.575MHz) 중인데, 내체로 433MHz ~ 459MHz 범위의 주파수가 작동범위 측면과 비가시권 운용에 있어 적합함을 권고하고 있다(CEPT, 2018).

또한, 유럽 우편전기통신주관청에서는 드론의 운용범위 확대와 안정성 제고 측면에서 전용 면허 또는 임시 전용 면허를 도읍하여 안정적 드론 운용 체제를 마련할 필요가 있음을 밝혔다. 현재 독일, 포르투갈 등 여러 유럽 국가가 433MHz 대역을 드론제어 등 통신용으로 이용 확대 중이며, 스페인의 경우 지역적 승인을 통해 이용하는 유형도 보이고 있다.

일본의 경우 미국과 마찬가지루 기존 이용 용도와의 주파수 공동사용을 통해 드론제어용 주파수 부족에 대응하고 있다. 2483.5MHz ~ 2,494MHz 대역과 5,650MHz ~ 5,755MHz 대역은 기존 이용 시스템의 운용 조정을 통해 드론제어용과 공동사용하도록 했다. 특히 기존 무선랜 대비 출력을 4배 증대하여 향후 제어용 이용이 가능하도록 검토하고 있다. 시판 중인 드론의 이미지 전송 거리는 약 300m 정도로 향후 기존 2.4GHz 대역 출력의 약 10배 수준까지 출력제한을 완화하여 5Km 거리의 장거리 통신까지 가능하도록 할 방침이다.

나라별 드론 주파수

미국	영국	유럽	일본	뉴질랜드	싱가포르
433MHz 900MHz 2.4GHz 5.8GHz 등	35MHz 2.4GHz 5.8GHz 등	**433MHz** 868MHz 2.4GHz 등	73MHz 169MHz 920MHz 1.2GHz 2.4GHz 5.7GHz 등	**433MHz** 900GHz 2.4GHz 5.8GHz 등	**433MHz** 900MHz 2.4GHz 5.8GHz

해외에서 제작된 드론을 국내에 도입할 때 전용 주파수가 적용된 제품인지를 사전에 확인할 필요가 있다. 즉, 드론에 적용된 전용 주파수와 한국의 전용 주파수가 상이하여 운영할 수 없게 되는 경우가 발생할 수 있으며, 전용 주파수의 상이함으로 인해 발생할 수 있는 법적인 문제가 생길 가능성이 있다.

4차 산업혁명과 지능정보화사회 도래에 따른 새로운 전파 이용 수요를 반영할 수 있는 미래지향적인 드론 주파수 기술 연구의 필요성이 제기된다. 드론의 제어 및 임무에 주로 사용되는 ISM 대역을 이용한 항공 업무용 무선설비의 기술기준 관련 문제와 관련하여 드론 주파수 기술기준 연구는 지속적으로 이루어져야 한다.

3. 비행 금지 구역

초경량 비행 장치 비행 공역(UA, Ultralight vehicle flight areas, 30개소)에서는 비행 승인 없이 비행할 수 있으며, 그 외 지역은 비행 승인 후 비행이 가능하다. 최대 이륙중량 25kg 이하의 무인 동력 비행 장치는 관제권 및 비행 금지 공역을 제외한 지역에서는 150m 미만의 고도에서 비행 승인 없이 비행할 수 있다. 비행 가능 공역, 관제권 및 비행금지구역 현황은 스마트폰 어플 Ready to Fly, 드론 원스톱민원서비스(https://drone.onestop.go.kr) '지도로 확인하기'에서 확인할 수 있다.

관제권은 비행장 중심으로부터 반경 5 NM(9.3km)으로 고도는 비행장별로 상이하며, 육군 관제권(비행장교통구역)의 경우 통상 비행장 반경 3 NM(5.6km) 이내이며 서울지방 항공청이 관할하고 있다.

P-73(비행금지구역)	서울시 중구, 용산구, 성동구, 서대문구, 종로구
R-75(비행제한구역)	서울시 강서구, 양천구, 동작구, 영등포구, 관악구, 서초구, 강남구, 송파구(가락, 송파, 방이, 잠실), 강동구(천호, 풍납, 암사, 성내)

비행장 주변 관제권 (반경 9.3km)	비행금지구역 (서울 강북지역, 휴전선 부근지역, 원전 주변 지역	고도 150m 이내로 제한

국내의 비행금지구역은 휴전선 접경지역(P-518), 수도권(대한민국)(P-73 A/B/C), 대전광역시 한국원자력연구원(P65 A/B), 원전 상공 등이 설정되어 있고 「항공 안전법」에서 구체적으로 제시하고 있다.

「상공안전법」 제78조(공역 등의 지정)

① 국토교통부 장관은 공역을 체계적이고 효율적으로 관리하기 위하여 필요하다고 인정할 때는 비행정보구역을 다음 각호의 공역으로 구분하여 지정·공고할 수 있다,

② 국토교통부 장관은 필요하다고 인정할 때는 국토교통부령으로 정하는 바에 따라 제1항에 따른 공역을 세분하여 지정·공고할 수 있다.

③ 제1항 및 제2항에 따른 공역의 설정 기준 및 지정 절차 등 그 밖에 필요한 사항은 국토교통부령으로 정한다.

제79조(항공기의 비행 제한 등), 제159조(운항승무원의 직무 등에 관한 죄) 등 법으로 규정하고 있다.

- 관제권 : 공항 근처로서 공항 주변으로 반경 9.3km에 해당하며, 당연히 비행금지구역이다.

- 비행금지구역: 국방이나 안전, 그 밖의 이유로 항공기의 비행을 금지하는 구역을 말하며 보통 P-로 시작한다.

- 비행제한구역 : 항공 사격, 대공사격 등으로 인한 위험으로부터 항공기의 안전을 보호하거나 그 밖의 이유로 비행 허가를 받지 아니한 항공기의 비행을 제한하는 공역이고 대표적으로는 수도권지역의 R-75의 민간, 군 공항 주변이다.

비행 가능 공역, 비행금지공역 및 관제권 현황은 V 월드(http://map.vworld.kr/map/ws3dmap.do) 지도 서비스에서 확인할 수 있다.

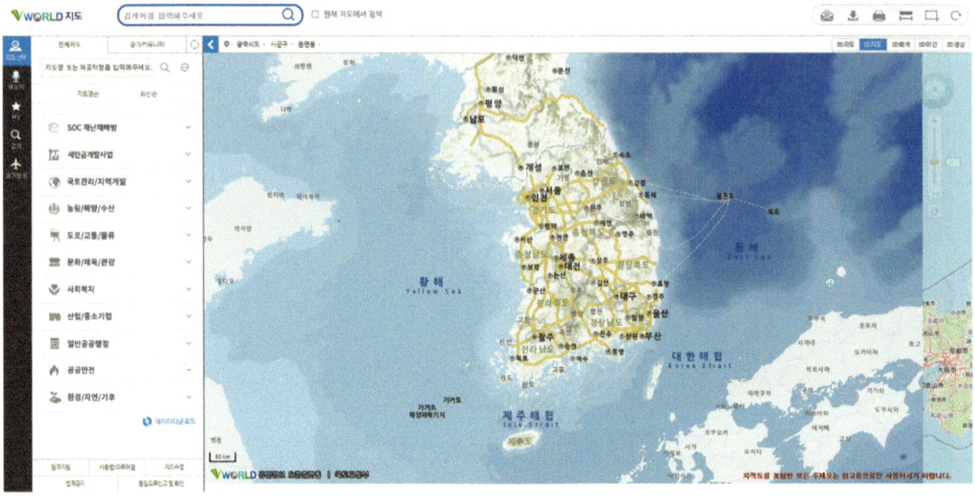

4. 비행 승인

비행 승인 대상은 최대 이륙중량이 25kg 초과한 무인 동력 비행 장치(드론)이다. 관제권 및 비행금지구역에서 비행하는 경우는 모든 비행 장치가 해당한다. 국내 시화, 양평 등 전국 각지에 총 30개소의 “초경량 비행 장치 비행구역”이 설정되어 있고, 그 안에서는 승인을 받지 않아도 자유롭게 비행할 수 있다. 초경량 비행 장치 비행 승인 대상으로는 다음과 같이 정의하고 있다.

- 사업에 사용되는 행글라이더, 패러글라이더, 계류식 무인 비행 장치, 낙하산류
- 고도 150m 이상으로 비행하는 경우
- 관제권 및 비행금지구역 내에서 비행하는 경우
- 최대 이륙중량 25kg 초과하는 경우의 무인 동력 비행 장치(드론)
- 자체 중량(연료제외) 12kg 초과 길이 7m 초과하는 비행선

또한 비행 승인 대상으로 비행 및 무인 동력 비행 장치(드론) 특별비행 승인 절차를 위해서는 해당 공역의 관할기관에 사전에 "드론 원스톱 민원 포털서비스(https://drone.onestop.go.kr)"를 통하여 비행 승인을 받아야 하며, 촬영을 병행할 경우에는 비행 승인과는 별도의 항공촬영 허가를 국방부로부터 받아야 한다.

구분		비행 금지구역(P)	비행 제한구역(R)	민간 관제권 (반경 9.3km)	군 관제권 (반경 9.3km)	기타 지역 (고도 150m 미만)
촬영 허가 (국방부)		○	○	○	○	국가/군사 시설 여부에 따라 달라짐 국방부에 문의해야 함.
비행 승인	국방부	○[1.]	○ (R-75)	X	○	X
	국토 교통부	○[2.]	X	○	X	X
공통 사항		1) 최대 이륙중량 25kg 초과 기체 비행 시 고도에 상관없이 비행 승인 필요 2) 공역이 2개 이상 겹칠 경우 각 기관 허가 사항 모두 적용 3) 150m 이상 고도에서 비행할 경우 비행 승인 필요				

1. 국방부: P518, P73, P61A, P62A, P63A, P64A, P65A
2. 국토교통부: P61B, P62B, P63B, P64B, P65B
   항공안전법 제129조 제5항에 따라 드론(무인 비행 장치) 조종자로서 야간에 비행하거나 육안으로 확인할 수 없는 범위에서 비행하려는 자는 특별비행 승인을 받아 그 승인 범위 내에서 비행이 가능하며 신청 절차이다.

드론 특별 승인 절차

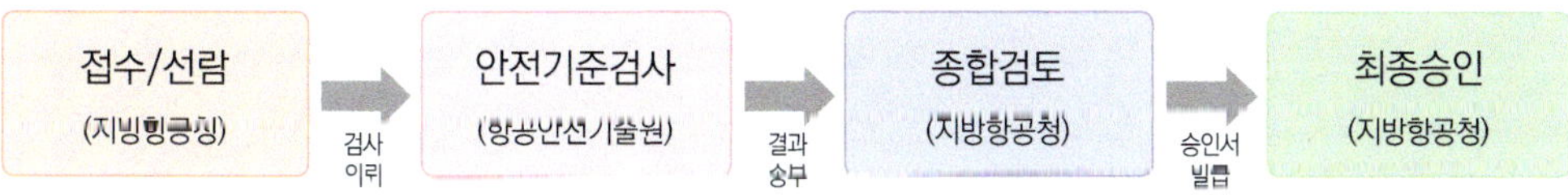

군 관할공역 내 민간 초경량 비행 장치 비행 승인 지침서(2020년 7월, 대한민국 국방부)의 제1장 총칙 제3조와 4조에서는 드론과 관련하여 필수적인 용어의 정의와 지침에 관련되어 구체적으로 설명하고 있다.

1. “군 관할공역”이란 「항공안전법」에서 정하는 관제공역, 통제 공역, 주의 공역 중 국방부 소속의 부대(서)가 통제권을 행사하는 공역을 말한다.
2. “초경량비행장치”란 항공기와 경량 항공기 외에 비행할 수 있는 장치로서 「항공안전법」으로 정하는 동력비행장치, 인력 활공기, 기구류, 무인 비행 장치 등을 말한다.
3. “초경량비행장치 비행구역”이란 초경량 비행 장치의 안전을 확보하기 위하여 국토교통부 장관이 지정한 초경량비행장치 비행 활동을 보장하는 공역을 말한다.
4. “초경량비행장치 비행제한구역”이란 제3호의 “초경량비행장치 비행구역” 이외의 구역으로 초경량비행장치의 비행 활동을 제한하는 공역을 말한다.
5. “관제권”이란 비행장과 그 주변 5해리 이내 및 비행장 표고로부터 5,000피트 이내의 범위에서 국토교통부 장관이 지정한 공역으로서 항공교통 안전을 위하여 해당 비행장의 관제탑이 관할하는 공역을 말한다.
6. “비행금지구역”이란 국가 주요 시설물 보호, 국방상, 그 밖의 이유로 항공기의 비행을 금지하는 공역이다.
7. “비행제한구역”이란 항공 사격, 대공사격 등으로 인한 위험으로부터 항공기의 안전을 보호하거나 그 밖의 이유로 비행 승인을 받지 않는 항공기의 비행을 제한하는 공역이다.
8. “공공기관”이란 국가, 지방자치단체 및 「공공기관의 운영에 관한 법률」에 따른 기관을 말하며, 국가기관으로부터 신원조회 등의 보안성 검토를 필하고 공공기관과의 계약에 따른 공공업무를 대행하는 민간업체를 포함한다.
9. “공공목적”이란 「항공안전법 시행규칙」 제313조의 2에 명시된 ‘국토교통부령으로 정하는 공공목적’을 말한다.
10. “초경량비행장치사고”란 초경량비행장치의 비행과 관련하여 발생한 다음 중 어느 하나에 해당하는 것을 말한다.
    가. 초경량비행장치에 의한 사람의 사망, 중상 또는 행방불명
    나. 초경량비행장치의 추락, 충돌 또는 화재 발생
    다. 초경량비행장치의 위치를 확인할 수 없는 경우
    라. 초경량비행장치에 접근이 불가능한 경우

제4조(방침) ① 국방부 장관은 「행정권한의 위임 및 위탁에 관한 규정」(대통령령)에 따라 국토교통부 장관으로부터 위탁받은 군 관할공역 내에서 초경량비행장치의 비행 승인에 관한 권한을 국방부 고시 제2017-7호 “국방부 장관의 권한 위임”에 따라 군 공역별 비행 승인 업무 관할부대(서)의 장에게 위임하며, 권한을 위임받은 부대(서)장은 이 지침서에 따라 해당 관할공역 내에서 초경량 비행 장치의 비행 승인에 관한 제반 업무를 수행한다.

② 군 관할공역 내에서의 민간 초경량 비행 장치의 비행 승인 절차 중 이 지침서에 명시되지 않은 사항은 「항공안전법」에서 정한 바를 준용한다.

③ 각급 부대(서)는 초경량 비행 장치 비행 승인 업무수행을 위해 필요한 절차를 마련하여 관련 규정 또는 비행정보간행물, 항공정보간행물에 명시할 수 있다.

④ 수도권 비행금지구역(P73) 및 비행제한구역(R75) 내에서 비행 승인을 받아 비행시에는 수도방위사령관이 별도로 정하여 통보하는 절차(보안점검, 경로·고도 변경지시 및 운항 제한 등)를 따라야 한다.

스마트폰 어플(명칭 : Ready to fly) 및 드론 원스톱민원서비스(https://drone.onestop. go.kr)를 내려받으면 관제권, 전국 비행금지구역 등 공역 현황 및 지역별 기상정보, 일출·일몰 시각, 지역별 비행 허가 소관 기관과 연락처 등을 간편하게 조회할 수 있다. 항공사진 촬영에 대한 최종 허가권자는 국방부 장관이며 국방정보본부 보안암호정책과에서 업무를 담당하고 있다. 항공사진 촬영 4일(근무일 기준) 전에 드론 원스톱민원서비스(https://drone.onestop.go.kr)를 통하여 국방부로 항공사진 촬영 허가신청을 하면, 촬영 목적과 보안상 위해성 여부 등을 검토 후 허가하고 있다. 단, 공공기관, 신문방송사 사용 목적인 경우에는 대행업체(촬영업체 등)가 아닌 직접 신청만 가능하다. 또한 일반업체의 경우에는 원 발주처의 신청을 원칙으로 하되, 촬영업체가 신청하는 경우 계약서 등을 첨부하면 된다.

제2장 드론의 안전 관리

드론 관리를 위해서는 제공된 사용자 매뉴얼 및 운영에 대한 사전 충분한 숙지가 필요하며 다음과 같은 정비에 관한 지식을 숙지하고 있어야 한다.

- 드론의 용어와 이해
- 드론의 운영에 따른 관련 법규의 이해와 안전 교육
- 드론 기체의 구성과 작동원리(전자 기초 이론 및 기구 역학 이론 등)
- 드론 구성품의 성능과 교체 및 수리 관련 기초 지식
- 조종기 운영과 활용 방법
- 드론 공중촬영 방법, 영상 송수신 방법 등

드론 운항의 전후, 제품의 구조는 수정을 가하지 않는 상태에서 기체 외부 및 다른 구성 요소가 손상되었는지 육안 검사를 하고 손상이 발견되면 판매처에 문의토록 한다.

육안 검사 후 자체 수리가 가능하면 제공된 사용자 매뉴얼을 이용하여 정품 또는 인증된 원제작사의 액세서리만을 이용하여 수리하도록 한다.

1. 프로펠러 안전 관리

프로펠러는 드론 비행과 직접적인 영향을 줄 수 있으므로 언제나 자가 진단을 통해 이상 징후를 사전에 파악하여야 한다.

따라서 드론 비행 전후로 프로펠러에 손상된 곳이 있는지 점검하고 손상된 프로펠러를 교체하여야 한다. 왜냐하면 다음과 같은 경우에는 양력이 제대로 발생하지 않아 드론이 제대로 비행할 수 없기 때문이다.

- 프로펠러의 한쪽이 휘었을 때
- 프로펠러가 깨졌을 때
- 프로펠러의 방향이 다를 때

2. 드론 모터와 변속기 관리

드론은 기존의 브러시가 있는 모델보다 훨씬 더 효율적인 BLDC 모터(Brushless DC Motor, 브러시 없는 모터)가 사용된다. 전자기학적 이론으로 로렌츠의 힘을 이용하는 BDC(Brushled DC Motor) 모터와 달리 BLDC 모터는 자석 간 인력과 척력(Attractive and Repulsive Force)이 회전 토크의 원천이 된다. BLDC 모터에서의 회전자(Rotor)는 영구자석이다.

드론 기체의 모터와 변속기는 육안으로 잘 점검할 수 없고, 드론 비행에 중요한 변수로 작용하는 부품이다.

모터와 변속기의 상태를 자가 진단하는 방법은 다음과 같다.

- 프로펠러가 없는 상태에서 상승 레버(스로틀)를 올린다.
- 쿼드롭터 4개 방향 모터의 회전을 시험해 본다.
- 프로펠러를 끼운 뒤바람 저항이 없는 곳에서 시동을 켠다.
- 상승 레버(스로틀)를 올렸다 내린다.
- 드론을 착륙시킨 뒤 프로펠러를 분리하고 4개의 모터 온도를 측정한다.

발열이 많이 발생하는 부분이 있으면 모터나 변속기를 의심해볼 필요가 있다.
드론 비행 시 다른 모터와는 달리 잡음이 들리던지 한쪽으로 쏠리는 현상이 발생하는 경우 쏠리는 방향의 모터나 변속기를 주의 깊게 관찰하여야 한다.

자가 진단을 위한 방법은 실제로 드론을 실내 체육관 등 밀폐된 공간에서 드론 비행 시험을 시행하여야 한다.

드론의 장시간 비행 후에는 모터를 교세하여야 한다.
프로펠러를 분리하고 모터를 시동할 때 비정상적인 소음이 발생하면 모터를 교체하여야 한다.
모터의 비정상적인 소음은 베어링이 마모되었다는 신호일 수 있다.

프로펠러 분리 후 모터를 시동하고 로터의 가장자리를 주의 깊게 검사하여야 한다. 이때 샤프트가 모터의 중앙에 완벽하게 맞춰져 있는지 확인 후 비정상적이거나 과도한 진동이 없는지 확인하여야 한다. 만약 샤프트에 문제가 감지되면 드론 제조업체에 문의하거나 교체할 모터를 주문하여야 한다.

3. 배터리 안전 관리

드론의 동력을 확보하는 방법은 엔진, 배터리 등이다. 일반적으로 드론의 에너지원은 항공연료, 배터리, 연료전지(fuel cells), 태양광 전지(solar cells) 등이 있다.

드론에 사용되는 배터리는 2차 전지 중 리튬 이온 배터리와 리튬 폴리머 배터리가 현재 가장 많이 사용되고 있다. 리튬 이온 배터리와 리튬 폴리머 배터리의 차이는 전해질이다. 전해질은 전기가 흐르는 물질로 리튬 이온 배터리는 액체로 구성되어 있고 리튬 폴리머 배터리는 고분자(젤) 형태로 구성되어 있다.

드론은 리튬 폴리머(이하, LiPo) 배터리를 사용하는데 대개 20~50분 비행할 수 있다. LiPo 배터리는 용량이 제한적이고 성능을 늘리는 데 한계가 있다. 또한 LiPo 배터리는 영하의 날씨에서는 성능이 급격하게 떨어진다. LiPo 배터리 전압은 약 3.5V ~ 3.85V 정도를 항상 유지해주는 것이 배터리 수명 유지에 도움이 된다. LiPo 배터리는 사용에 적합한 전압은 셀당 4.2 ~ 4.3V이다.
보관에 적합한 전압은 셀당 3.7 ~ 3.8V이므로 LiPo 배터리를 완전 방전시키면 수명이 줄어들고 성능도 떨어지게 된다. 따라서 LiPo 배터리 용량이 30% 정도 남았다면 그때가 바로 충전하는 충전 시점이고, 완전히 충전하면 내부에서 방전이 일어나 배터리 수명이 저하된다.

LiPo 배터리 관리는 드론 비행 안전과 직결되기 때문에 LiPo 배터리 안전은 언제나 조심해야 한다.

300회 이상 충전, 방전을 거치거나 전압 관리에 소홀하면 LiPo 배터리가 부풀어 오른다. 이 상태의 LiPo 배터리는 제 성능을 발휘하지 못하므로 교체해야 한다.
LiPo 배터리에 손상의 징후가 있는 경우 사용을 중지하고 LiPo 배터리를 10% 이하로 방전하여 폐기하고 어떤 이유로든 LiPo 배터리를 분해하면 안 된다.

드론을 구성하는 모든 구성품의 규격과 성능을 이해하는 것은 드론 비행의 중요한 요소이다.
Lipo 배터리를 사용하려면 전압(Volt, V), 암페어(Ampere, A), 셀(Cell) 등의 내용을 숙지하여야 한다.

Lipo 배터리를 살펴보면 보통 3S, 25C, 11.1V, 2,700mAh라고 표시되어 있는 배터리를 예시로 표기법을 살펴보자.

- 25C는 C는 베터리가 한 번에 방전할 수 있는 최대 방전율(Discharge Rate, C-rating을 의미한다. 즉 얼마나 빨리 전기를 뽑아낼 수 있는가를 나타내는 기준이다. 25 C는 '25 x 배터리 용량'으로 계산된다.
  상기 배터리는 25C 2,700 mAh이므로 25 x 2.7A로 67.5A가 되며 최대 67.5A까지 전기를 뽑아낼 수 있다는 것(배더리의 최대 출력)을 의미힌다.
  C는 방전율을 나타내며 배터리가 얼마나 고성능 인지를 나타내는 수치이다.
  최대 방전율을 25C로 사용할 때는 2.7 Ah x 25C = 67.5Ah 즉, 67.5Ah의 출력이하다.
- 3S는 전체 배터리를 구성하고 있는 내부 소형 배터리 개수가 3개임을 의미한다.
  Lipo 배터리는 단위 셀의 전압이 3.7V이므로 3.7V x 3 = 11.1 V가 기본 전압이 된다. 완전 충전 시 셀 전압은 4.2 V로 4.2 X 3 = 12.6 V가 베터리의 완전 충전 전압이다.
- 11.1V는 3.7V 배터리 셀 3개가 직렬로 연결됨을 의미한다.
- mAh는 배터리의 전기를 저장하는 공간의 크기를 의미한다. mAh의 숫자가 큰 배터리 일수록 전기를 더 많이 보관하기 때문에 비행시간이 늘어난다. 하지만 저장공간이 커지면 배터리 무게는 늘어나게 된다.

배터리 안전 관리는 매우 중요하다. 그 이유는 드론은 공중을 비행하는 물체이기 때문이다. 드론은 무선으로 조종되기 때문에 전파방해 혹은 기체 오동작은 대처하기 쉽지 않은 부분이 있지만, 배터리를 잘 관리하면 비행 중 추락하는 사고를 예방할 수 있다.

Keynote Navigator

연료전지와 태양광 전지의 차이

연료전지(fuel cell)는 연료가 가진 화학에너지를 전기 화학반응을 통해 직접 전기에너지로 바꾸는 에너지 변한 장치이다. 연료 전지는 배터리와는 달리 연료가 공급되는 한 재충전 없이 계속해서 전기를 생산할 수 있고, 반응 중 발생한 열은 온수 생산에 이용된다.
태양광 전지(Solar Cells)는 햇빛을 반도체의 원리를 이용해서 전기로 변환해주는 장치이다. 반도체에 빛에니지가 투입되면 전자의 이동이 일어나서 전류가 흐르고 전기가 발생한다.

제3장 드론 충돌 회피 및 방지

드론 충돌회피 및 장애물 감지는 급성장 중인 드론 기술의 뜨거운 감자가 되고 있다.

'장애물 회피' 기능이 있는 드론은 수동으로 조종하지 않고도 건물, 산, 나무와 같은 정적 물체 주위를 조종할 수 있다. 드론의 정적 물체 회피는 수년 동안 연구되어 왔다. DJI, Walkera, Yuneec 및 Skydio와 같은 드론 제조업체에서는 최신 드론에 전방, 후방, 하부 및 측면에 장애물 회피 기능이 장착된 드론을 제작하여 출시하고 있다(정의필 외 2018). 그러나 드론의 장애물 회피는 사용 범위가 제한적이다. 드론은 약 38.5cm에서 385cm 떨어진 곳에서만 볼 수 있기 때문에 장애물을 피할 수 있는 능력을 유지하면서 비행해야 하므로 드론이 날 수 있는 속도를 심각하게 제한한다.

드론의 장애물 회피 기능은 대형 드론에서는 훨씬 덜 일반적이다. 왜냐하면 대형 드론은 고정 장애물을 만날 가능성은 적고 동적 장애물을 만날 가능성이 있지만 더 높이 더 빨리 날 수 있어 동적 장애물을 회피할 수 있기 때문이다.

드론 장애물 충돌 회피를 위한 핵심기술

드론 장애물 충돌 회피를 위한 핵심기술은 다음 그림에 표시된 것처럼 드론은 지상국의 통신장비에 의해 조종되기 때문에 고도화된 통신 송신기술이 필요하다. 드론이 출발지를 출발할 때에는 정밀 호버링 기술이 필요하다. 드론이 장애물을 회피하기 위해서는 장애물 회피 기술이 요구된다. 드론이 장애물을 무사히 통과한 후에는 목적지에 안전하게 착륙하기 위해서는 정밀 위치제어 기술이 필요하게 된다.
동적 개체에 대한 탐지 및 회피 기능의 성능 요구 사항은 인프라 마스킹(Infra Masking)으로 위험을 완화할 수 있는 경우가 있기 때문에 다양하다. 인프라 미스킹의 기초는 BVLOS(Beyond Visual Line of Sight 시각 너머의 비행)와 기타 복잡한 운영의 위험을 평가하기 위한 국제 표준인 SORA(Specific Operational Risk Assessment, 특정 운영 위험 평가)가 있다.

가장 낮은 등급의 항공 위험은 “비정형 영공”으로 정의한다. 이 공역은 일반적으로 일반 유인 항공기가 갈 수 없는 공역, 즉 기반 시설에서 385cm(100feet) 이내를 말한다. 예를 들어, 건물 가까이나 깊은 계곡에서 비행하는 경우 유인 항공기가 같은 영공을 비행할 가능성이 적기 때문에 추가 안전 계층이 있다. 기반시설 음영지영은 구조물의 192.5cm(50feet) 이내의 전력선을 따라 날아가고 이것은 유인 항공기를 만날 가능성이 더 낮기 때문에 단순히 마스킹하는 것보다 더 높은 완화 효과가 있다.

드론이 국가 영공에 도달할 수 있을 만큼 높이 날 때에는 FAA(Federal Aviation Administration, 미국 연방항공청) 및 기타 CAA(Civil Aviation Authorities, 민간 항공 당국)은 안전 및 BVLOS(Beyond Visual Line of Sight 시각 너머의 비행)에 대한 엄격한 요구 사항을 적용하고 있다. 미국에서 CFR(Code of Federal Regulations, 미국연방규정집) Part 107.37은 소형 무인 항공기가 통행우선권을 양보하고 다른 항공기와 멀리 떨어져 있어야 한다고 규정하고 있다. CFR 91.113은 무인 항공 시스템(UAS,Unmanned Aerial Systems)이 조종사의 육안 시야 내에 유지되도록 요구하지만 BVLOS 비행을 가능하게 하는 면제를 받을 수 있다.

1. 드론 장애물 회피 기술

장애물 회피 드론은 정적 기반 시설로 충돌 회피를 위해 기동할 수 있다. DAA(Detect-and-Avoid 감지 및 회피) 기능을 통해 드론은 주변 영공에 동적 장애물이 나타날 때마다 회피 기동을 수행할 수 있다.

동적 장애물에는 유인 및 무인 항공기와 잠재적으로 새가 포함되고 있다. 유인 항공기 또는 기타 역동적인 비행 물체를 성공적으로 피하기 위한 드론은 현재 상용화되어 있지 않다. 따라서 산업용 카메라와 Computer Vision을 사용한 관찰 및 해석을 통하여 드론 운영 환경에 대한 완전한 상황 인식, 동적 장애물 감지와 식별하고 회피 기동을 결정하는 On Board(온 보드) 감지와 회피(Detect-and-Avoid) 솔루션이 요구된다.

장애물 회피 기술은 드론이 장애물을 피할 수 있도록 함께 작동하는 여러 기술의 결합으로 충돌 회피를 가능하게 하는 기술을 의미한다.

드론 장애물 회피 기술은 정리하면 다음과 같다.

1) SLAM(simultaneous localization and mapping 동시 위치 파악 및 매핑):

SONAR (SOund Navigation And Ranging, 음파탐지기) 및 라이더 기반 솔루션과 같은 장비는 정적 물체를 감지하고 피하는 방법에 대한 기술이 확립되어 있다. 하지만 드론 제조업체의 과제는 이를 항공 솔루션에 통합하여 작동하도록 하는 것이다.

드론이 순항 속도로 비행하는 동안 실시간으로 비행 중인 동적 장애물 회피는 최근까지(Iris Automation에 의해) 소형 드론에 대해 성공적으로 해결되지 않았다.

2) 드론이 BVLOS(Beyond Visual Line of Sight 시각선 너머)를 비행하는 이유:

자율 드론의 패키지 배송, 인프라 및 파이프라인 검사, 수색 및 구조 등을 포함하여 드론이 정적 및 동적 장애물을 모두 피할 수 있을 때에 응용 프로그램은 무한하다.
감지에 사용되는 센서 유형은 드론 센서로 가장 일반적인 것은 단거리용 음향과 장거리용 전자 광학 및 레이더를 포함한다.

3) Sensor Fusion(센서 융합):

센서 융합은 다양한 센서의 데이터를 하나의 플랫폼에 융합되어 운영되고, 단일 센서가 계산할 수 없는 것을 설정하기 위해 수행된다. 센서 융합은 다중 감각 데이터 융합이라고도 하며 데이터 융합의 하위 분야로 간주 된다.
이러한 유형의 융합은 고정밀 작업을 수행하는 드론에 가장 적합하다. 이러한 센서의 조합은 알고리즘 및 장애물 감지 소프트웨어를 담당하는 비행 컨트롤러에 데이터 피드백을 제공하는 역할을 수행한다.

4) Simultaneous Localization and Mapping(SLAM, 동시적 위치추정 및 지도 작성):

SLAM은 자율주행 차량에 사용되어 주변 환경 지도를 작성하는 동시에 차량의 위치를 작성된 지도안에서 추정하는 방법이다. SLAM 알고리즘을 통해 차량은 미지의 환경에 대한 지도를 작성할 수 있다.

동시적 위치추정 및 지도 작성(SLAM)은 장애물 회피 기술의 또 다른 중요한 측면이다.
SLAM은 항공기에만 설치된 시스템에 국한되지 않으며 드론에 SLAM을 적용함에 따라 주변 환경을 매핑(Mapping)하고 지도 내에서 자신을 적절하게 나타내지만 매핑은 빨리 이루어지지 않는 단점이 있다.
SLAM은 경로를 통해 움직이는 드론이 만드는 모든 소음을 기록해야 하며 대부분의 드론 모델에 있는 많은 장애물 회피 기술에는 SLAM이 통합되어 있다.

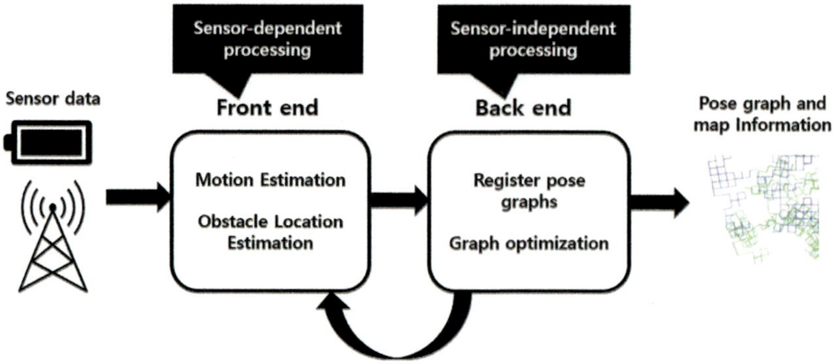

SLAM 처리 흐름 Block Diagram
[출처: methworks.com, 2023]

5) Obstacle Avoidance Algorithms(장애물 회피 알고리즘):

장애물 회피 알고리즘은 장애물을 피하기 위해 데이터 계산에서 모든 활성 센서가 따라야 하는 프로세스(Process) 또는 가이드(Guide)를 말한다. 장애물 회피 알고리즘은 모터 및 고정 물체의 감지 문제를 해결하고 드론의 센서와 시스템의 효율성은 알고리즘에 따라 달라지므로 드론 충돌이나 비행 오류를 피하기 위해 오류가 있거나 잘못 작성되어서는 안 된다.

6) Flight controller(비행 제어장치):

센서가 주변 환경을 스캔하고 매핑한 후 감지된 물체를 수신하는 비행 제어장치는 충돌 회피 알고리즘을 제어한다. 데이터 해석에 따라 비행 제어장치는 드론이 비행하도록 지시하며 비행 지침은 드론이 위, 아래, 정지 또는 장애물 앞에서 비행할 수 있게 한다.

7) Track and Follow Objects Sensors(물체 추적 및 객체 추종 센서):

물체 추적 및 객체 추종 센서는 드론의 경로를 따라 물체를 감지하는 주 센서이다. 물체 추적 및 객체 추종 센서는 흥미롭게도 물체를 감지하는 것 외에도 차량, 동물, 사람 등을 감지하도록 개발되었다.
이러한 모든 기술의 조합은 경쟁력 있는 장애물 회피 시스템이 가능하게하며 많은 드론이 이 기술을 사용하여 여러 물체를 인식하고 추적할 수 있다. 또한 이 기술을 사용하여 사람, 차량, 동물 및 기타 움직이는 물체를 감지할 수 있다.

2. 드론 장애물 회피 센서 및 종류

1) Ultrasonic sensor(초음파 센서):

초음파 센서는 물체 감지에 사용되며 초음파를 사용하고 그 후 센서는 전송된 음파가 되돌아 오는데 걸리는 시간을 측정하여 주변을 매핑 하는 구조이다.
초음파 센서는 송신부와 수신부로 구성되어 있다.

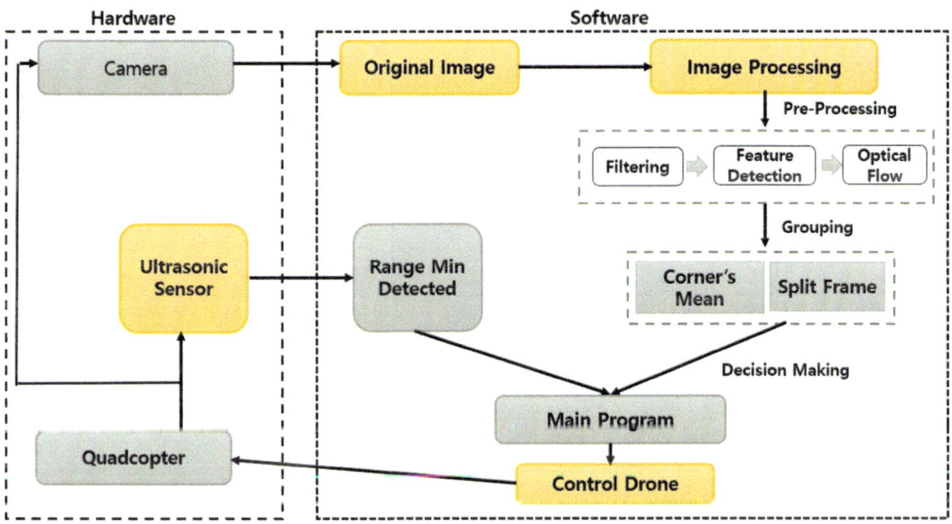

Ultrasonic sensor 구조 구성도(Baseline)
[출처: microsonic.de, 2023]

2) 스테레오 비전(Stereo Vision):

스테레오 비전은 드론이 장애물을 피할 수 있도록 하는 센서로 인간의 시각에서 볼 수 있는 3D 감지 기능과 같은 기능을 말한다. 이 센서의 결과는 식별하는 해당 픽셀(Pixel)의 수에 따라 달라지며 픽셀이 많을수록 더 좋은 결과를 얻을 수 있다.

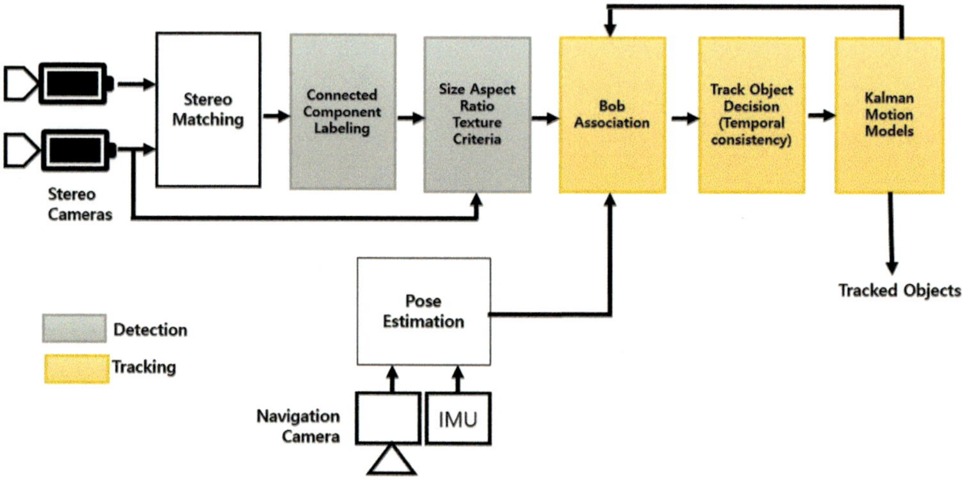

스테레오 비전 구성도(Block Diagram)

[출처: baslerweb.com]

3) Time of Flight Sensors(비행시간 센서):

비행시간 센서는 다른 센서와 달리 더 많은 구성 요소로 만들어지며 충돌 방지를 위한 것이다. 일부 센서 요소에는 렌즈, 인터페이스, 센서 및 광원이 포함되어있다.

비행시간 센서는 동시에 각 이미지에 대한 강렬한 정보를 캡처할 수 있는데 이것은 매우 빠르고 프레임 속도가 높다는 것을 의미한다. 독립적으로 깊이를 포착하는 비행시간 센서의 기능은 드론이 장애물을 쉽게 피할 수 있도록 한다. 비행시간 센서에 대한 또 다른 사실은 정확한 카메라가 있다는 것이다. TOF 센서는 물체의 전체 영역을 비추는 방식으로 작동되고 펄스 또는 균일한 파장 광원을 사용하고 반사된 빛을 관찰하여 이를 수행한다.

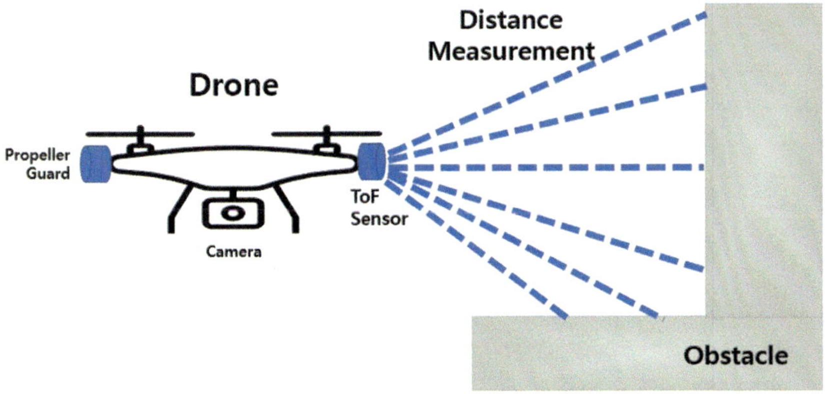

Time of Flight Sensors 구성도(Schematic Diagram)
[출처: baslerweb.com]

4) Infrared Obstacle detection sensor(적외선 장애물 감지 센서):

적외선 장애물 감지 센서는 적외선 반사 원리를 사용한다. 장애물을 감지하는 데 IR(Infra Red) 센서는 적외선 수신기, 송신기 및 전위차계로 구성되어 작동되는 구조로 적외선은 퍼지는 거리에 따라 약해져서 결국 사라진다. 다만, 장애물이 없는 경우에는 그러하지 아니하다. 장애물이 있으면 적외선이 적외선 수신기로 반사 수신되는 원리를 이용한다. 때때로 가시광선은 IR 센서를 혼동시킬 수 있으며, 이는 특정 적외선 주파수의 적외선 감지기를 사용하여 방지할 수 있다.

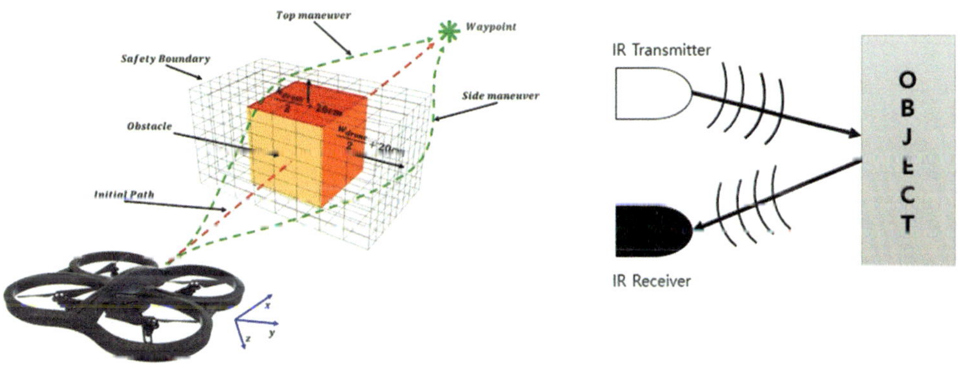

Infrared Obstacle detection sensor 구성도(Schematic Diagram)

5) LIDAR:

LIDAR는 물체를 감지하고 거리를 계산과 짧은 펄스가 물체에서 물체로 이동하는 데 걸리는 시간을 측정한다.

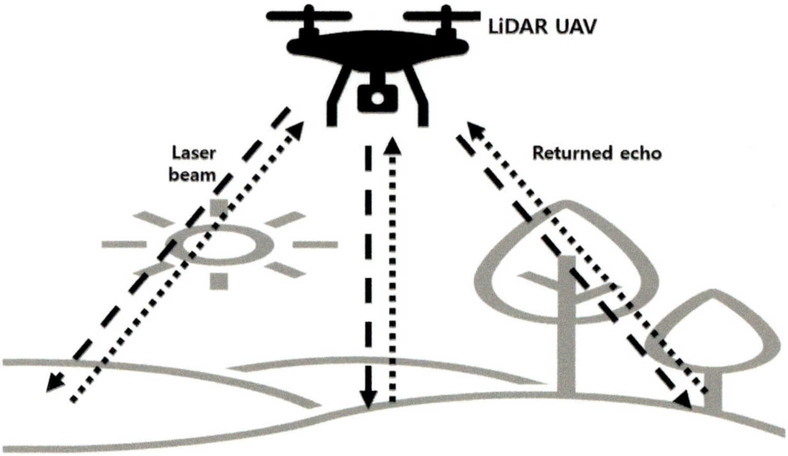

LIDAR 원리 계략도(Baseline)

3. 드론 충돌 방지 기술

드론 충돌 회피를 위해서는 첫 번째로 정적 및 동적 장애물에 대한 드론의 위치에 대한 정확한 지도가 필요하다, 실외 드론을 위한 기존의 위치 기술에는 GPS(Global Positioning Satellite)가 포함되지만 GPS 신호는 정확하지 않을 수 있다는 것을 고려해야한다. 건물과 나무와 같은 일부 작은 장애물(개별 나뭇가지 포함)은 GPS 신호를 방해할 수 있으며 이는 시스템이 작은 장애물을 피할 만큼 정확하지 않다는 것을 의미한다. 창고 및 공장과 같은 일반적인 실내에서의 기술 적용 시에는 GPS의 수신불능 현상이 있으므로 훨씬 더 까다로울 수 있다.

드론 충돌 회피 기술에 대해 두 번째로 주목해야 할 점은 이것이 진정한 IFM(Intelligent Flight

Modes, 지능형 비행 모드)을 향한 길에서 중요한 단계이지만 완전 자율 비행 솔루션은 아니다. 여기에는 위치 데이터를 비행 제어 시스템에 제공하여 센서의 시야(FoV; Field of View)에 들어온 물체를 피하기 위해 수직 추력 또는 롤을 자동으로 조정할 수 있는 빠른 재생 빈도의 고해상도 센서 어레이(Sensor Array)가 포함된다. 드론 충돌 회피를 위해 적외선(IR), 라이다, 단안 시력, 스테레오 비전, ToF(Time-of-Flight, 비행시간) 등과 같이 여러 감지 기술을 융합하여 사용할 수 있다.

1) 드론 충돌 방지 작동

각각의 충돌 방지 센서 응용 기술의 작동원리는 크게 다르지만 선호되는 방법의 하나는 Lidar와 비행시간 감지를 결합하는 것이다. 일반적인 배열에서 두 가지 별개의 감지 시스템이 강력한 드론 충돌 방지를 위해 비행 제어 전자 장치에 통합 운영된다.
드론 바닥에 부착된 단일 ToF(Time-of-Flight, 비행시간) 센서는 일정한 높이를 유지하는 정밀 고도계 역할을 한다. 다방향 Lidar 센서 어레이는 최대 360° 위치 측정기능을 통합한 시스템을 통해 드론이 피치와 롤로 인한 상승 또는 하강 없이 측면 위치를 미세하게 조정할 수 있다. 고도계 역할을 하는 ToF(Time-of-Flight) 센서는 자동 조종 소프트웨어의 도움으로 드론을 고정된 높이로 유지하게 한다. 수직 추력은 드론이 방향을 바꾸기 위해 피치를 하는 경우에 원하는 높이를 유지하기 위해 자율적으로 조정하는 기능이 있다.

드론의 측면 위치는 최대 8개의 다른 축에서 고속으로 근접 데이터를 동시에 수집하는 다방향 Lidar 어레이에 의해 조정된다. 지속적인 근접 감지는 드론을 감속하는 내부 가속도계에 피드백을 제공하여 드론의 포괄적인 시야에 들어오는 정적 또는 동적 물체를 방지하게 한다.

Keynote Navigator

Lidar와 Radar

Lidar는 Light detection and ranging의 약자이다. Lidar는 Laser Pulse를 쏘고 반사되어 돌아오는 시간을 측정하여 반사체의 위치 좌표를 측정하는 레이다 시스템(Radar System) 이다. Lidar는 항공기 혹은 인공위성에 탑재되어 지형측량에 주로 사용되며 스피드 건, 자율이동 로봇, 자율주행 자동차 등에도 활용된다.

Radar는 Radio Detection and Ranging의 준말이다. Radar는 전파를 사용하여 목표물의 거리, 방향, 각도 및 속도를 측정하는 감지 시스템이다. 전파법 2조 19항에는 Radar는 "결정하고자 하는 위치에서 반사 또는 재발사되는 무선 신호와 기준신호와의 비교를 기초로 하는 무선측위 설비"라고 정의한다.

제6부

항공기상과 촬영용 드론 비행 날씨

제1장 드론 비행의 영역

1 드론 비행 공역(Airspace)

2. 대기권 구분

3. 표준대기

제2장 항공로 위험 기상과 촬영용 드론 비행 날씨

1. 항공기상 현상

2. 항공로 위험 기상

3. 드론 비행 날씨

제6부 항공기상과 촬영용 드론 비행 날씨

제1장 드론 비행의 영역

1. 드론 비행 공역(Airspace)

공역은 하늘의 공간 즉 공중의 영역으로 하늘의 교통지도라고 할 수 있다. 공역은 항공기 활동을 위한 공간으로 항공기가 안전하게 비행할 수 있도록 모든 조치를 해 놓은 구역을 의미한다. 또한 공역은 항공기의 안전하고 효율적인 비행과 항공기의 수색 또는 구조에 필요한 공간으로 항공기, 초경량 비행 장치 등의 안전한 항행을 보장하기 위하여 지표면 또는 해수면으로부터 일정 높이의 특정 범위로 정해진 공간이다. 모든 항공기의 비행은 이 공역 내에서 이루어진다.

관제공역이란 항공관제(Air-Traffic Control)가 이행되도록 정한 영역이다.

공역은 크게 영공과 비행정보구역으로 구분된다. 영공은 우리나라 주권이 미치는 공역으로 영토와 영해의 상공에서 완전하고 배타적인 주권을 행사할 수 있는 공간이다.

비행정보구역(Flight Information Region: FIR)은 비행 중인 항공기에 안전하고 효율적인 운항에 여러 종류의 필요 정보를 제공하고 항공기 사고가 발생할 때는 수색 및 구조 업무를 제공할 목적으로 국제민간항공기구(ICAO)에서 설정한 공역이다.
또한 우리나라 국토교통부는 비행정보구역을 항공기, 경량 항공기 또는 초경량 비행 장치의 안전하고 효율적인 비행과 수색 도는 구조에 필요한 정보를 제공하기 위한 공역으로서 국제민간 항공협약 및 같은 협약 부속서에 따라 국토교통부 장관이 그 명칭, 수직 및 수평 범위를 지정 공포한 공역으로 정의한다(국토교통부, 2019.3).

비행정보구역의 명칭은 나라의 명칭을 사용하지 않고 비행정보업무를 담당하는 관제센터, 또는 비행정보센터가 있는 지역 이름을 사용하고 있다.

우리나라의 비행정보구역은 초기에는 대구의 중앙항로 관제소에서 비행정보업무를 제공했기 때문에 대구 비행정보구역이라 불리고 있다. 이후에는 항로 관제 업무가 인천공항으로 옮기게 되어 지난 50여 년 동안 사용해왔던 우리나라 비행정보구역의 명칭은 2001년 10월 대구 비행정보구역에서 인천 비행정보구역으로 변경되게 되었다.

공역은 일반적으로 제공하는 항공 교통 업무와 사용 목적에 따라 구분된다. 제공하는 항공 교통 업무 측면에서는 관제공역과 비 관제공역으로 공역을 등급화하고 있다. 관제공역은 A, B, C, D, E 등급으로, 비 관제공역은 F, G 등급으로 분리되어 운용되고 있다.

공역은 사용 목적에 따라 관제공역, 비 관제공역, 통제 공역 및 주의 공역으로 구분된다.

관제공역은 관제권과 관제구로 구분되고 비 관제공역은 공역 조언 구역과 정보구역으로 구분된다. 관제공역(관제권, 관제구, 비행장 교통구역)은 비행장과 그 주변의 공역으로 항공 교통의 안전을 위해 국토교통부 장관이 지정한 공역으로 공항 중심으로부터 9.3Km 반경 지역이다. 이곳에서 드론을 비행하려면 지방항공청장의 승인을 받아야 한다. 통제 공역은 비행금지구역과 비행제한구역으로, 주의 공역은 훈련구역, 군 작전구역, 위험구역과 경계구역으로 구분되어 운영되고 있다.

2. 대기권 구분

중력과 기압 그리고 태양으로부터의 가시복사에 의해 지배되는 운동을 나루는 과학 문야를 유체역학이라 한다. 유체역학에서는 지구대기를 편의상 수직 방향으로 재계나 전리권에 따라 몇 개의 층으로 구분한다. 기상학에서는 기술의 편의상 온도의 고도 분포에 따라 대기를 아래 그림과 같이 구분하고 있다. 고도 약 80km까지는 대기의 화학조성이 거의 일정하다. 공기의 밀도는 하층으로 갈수록 크다.

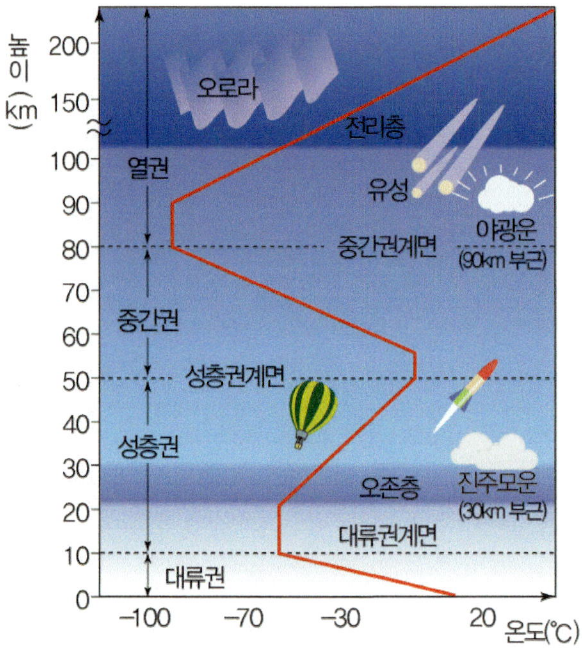

대기의 수직 구조

[출처: 이동인 외, 2016]

1) 대기의 질량과 밀도

(1) 질량

지구를 둘러싸고 있는 대기의 전체 질량은 약 5.3×10^{21}g이다. 이것은 지표면 1cm^{2}에 평균 1kg의 비율로 공기가 싸여 있는 셈이 된다.

(2) 밀도

지표 부근에서의 밀도는 약 1.3kg/m^{3}이나 상층으로 올라가면서 공기의 밀도는 급격히 감소한다. 전 대기 질량의 90%가 하층 약 16km에 쌓여 있고, 99%까지는 하층 약 31km, 그리고 99.9%까지는 하층 약 48km 이내에 들어 있으며, 나머지 0.1%만이 그보다 상층에 쌓여 있다. 지상 400km 이상의 고도에서는 공기는 대체로 이온화(ionize)되어 있고, 대기 상한인 1,000km 고도에서는 대기가 너무 희박하여 인공적으로 만든 진공보다도 더 밀도가 작다.

2) 대기의 분류

(1) 대류권

■ 위치 : 평균 11km, 적도 16km, 고위도대 8km

■ 특징
- 여러 가지 운동으로 권내의 공기가 상하로 잘 뒤섞인다.
- 기상현상, 온대 저기압, 전선, 태풍 등 일기의 변화를 가져오는 대기 운동이 발생한다.
- 온도 1km 상승에 따라 약 6.5℃의 비율로 감소한다.

(2) 성층권

■ 위치 : 고도 약 11km부터 50km까지.

■ 특징
- 20~30km에 오존이 많이 분포한다.
- 온도가 고도에 따라 상승하여 대기가 안정하므로 상·하의 혼합이 일어나기 어렵다.

(3) 중간권

■ 위치 : 고도 약 50~80km

■ 특징
- 고도에 따라 온도가 하강한다.
- 중간권계면에서는 200K에 이르고 그 이상에서 다시 증가한다.

(4) 열권

■ 위치 : 고도 약 80~300km

■ 특징
- 고도에 따라 온도가 상승한다.
- 열권 상층부에서 온도는 2,000K 이상에 달한다.

3. 표준대기

일반적으로 공기의 밀도는 고도와 함께 감소하여 지표 부근에서는 1.3kg/m^3 이지만 10km 높이에서는 0.4kg/m^3, 30km에서는 0.02kg/m^{3}로서 급격히 변화한다.

기압은 대체로 고도가 높아짐에 따라 대수적으로 감소하여 5km마다 거의 반감한다. 따라서 기온의 수직분포가 주어지면 기압과 고도와의 사이에는 일정한 관계가 성립된다. 또한 표준이 되는 기온분포를 정해 놓으면 표준기압이나 밀도의 수직분포를 구할 수 있다. 이처럼 실제 대기의 평균 상태에 가깝게 정해 놓은 가상적인 대기 모델을 표준대기라고 한다.

대기 중을 비행하는 항공기의 성능은 대기의 온도, 압력 밀도와 같은 물리적 상태량에 따라 좌우된다. 이들 물리적 상태량은 장소와 고도에 따라 시시각각으로 변화한다. 따라서 항공기의 성능을 비교하기 위해서는 표준대기가 필요하다.
표준대기는 기압이 760mmHg이고 해면에서의 온도는 15℃, 고도에 따른 온도 체감률이 100m당 0.65℃이며 중력가속도가 9.8m/s^{2}인 수분을 포함하지 않은 대기를 의미한다.

1) 국제표준대기(ISA, International Standard Atmosphere)

국제표준대기는 국제적인 동의로 규정된 기압, 온도 및 밀도 등의 고도 분포를 실제 대기의 평균 상태에 근사하도록 단순한 형태로 표시한 협정상의 이상화된 기준대기이다(국토교통부, 2018).

2) 국제표준대기의 물리적 상수는 다음과 같다.

(1) 해면(기준면)의 표준기압 : 1,013.25mb

(2) 해면상의 공기밀도 : 1.225kg/m^3

(3) 해면상의 기온 : 288.15K

(4) 중력가속도 : 9.807m/s^2

(5) 기체상수 : $R_d = 2.874 \times 10^6 erg/gK$

구분	기압고도	기온
권계면	11km	-56.5℃
기온감률	~11km	6.5℃/km
	11~20km	0.0℃/km (등온층)
	20~32km	-1.0℃/km

3) 국제표준대기의 특성

대기는 수증기를 포함하지 않는 건조공기이며, 완전기체 상태방정식이 성립하고, 기압과 고도의 관계는 정역학 방정식이 의존한다. 대기의 조성은 고도 80km까지 일정하다.

국제표준대기표

고도 z(km)	기온 T(K)	기압 P(hPa)	밀도 ρ(　　)	중력가속도 g(　)	수밀도 n(　)	평균분자량 m	오존수밀도 m(　)
0	288.15	1.013(3)*	1.225(−0)	9.807	2.547(25)	28.964	7.50(17)
5	255.68	5.405(2)	7.364(−1)	9.791	1.531(25)	28.964	5.68(17)
10	223.25	2.650(2)	4.135(−1)	9.776	8.598(24)	28.964	1.12(18)
15	216.65	1.211(2)	1.948(−1)	9.761	4.049(24)	28.964	2.63(18)
20	216.65	5.529(1)	8.891(−2)	9.745	1.849(24)	28.964	4.75(18)
25	221.55	2.549(1)	4.008(−2)	9.730	8.334(23)	28.964	4.27(18)
30	226.51	1.197(1)	1.841(−2)	9.715	3.828(23)	28.964	2.51(18)
35	236.51	5.746(0)	8.463(−3)	9.700	1.760(23)	28.964	1.39(18)
40	250.35	2.871(0)	3.996(−3)	9.684	8.308(22)	28.964	6.04(17)
45	264.16	1.491(0)	1.966(−3)	9.669	4.088(22)	28.964	2.20(17)
50	270.65	7.978(−1)	1.027(−3)	9.654	2.135(22)	28.964	6.60(16)
60	247.02	2.196(−1)	3.097(−4)	9.624	6.439(21)	28.964	7.30(15)
70	219.59	5.221(−2)	8.283(−5)	9.594	1.722(21)	28.964	5.36(14)
80	198.64	1.052(−2)	1.846(−5)	9.564	3.838(20)	28.964	
90	186.87	1.836(−3)	3.416(−6)	9.535	7.116(19)	28.91	
100	195.08	3.201(−4)	5.60(−7)	9.505	1.189(19)	28.40	
110	240.00	7.104(−5)	9.71(−8)	9.476	2.144(18)	27.27	
120	360.00	2.538(−5)	2.22(−8)	9.447	5.107(17)	26.20	
150	634.39	4.542(−6)	2.08(−9)	9.360	5.186(16)	24.10	
200	854.56	8.474(−7)	2.54(−10)	9.218	7.182(15)	21.30	
300	976.01	8.770(−8)	1.92(−11)	8.943	6.509(14)	17.73	
400	995.83	1.452(−8)	2.80(−12)	8.680	1.056(14)	15.98	
600	999.85	8.21(−10)	1.14(−13)	8.188	5.950(12)	11.51	
1,000	1,000.0	7.51(−11)	3.56(−15)	7.322	5.442(11)	3.94	

[출처: 이동인 외, 2016]

제2장 항공로 위험 기상과 촬영용 드론 비행 날씨

1. 항공기상 현상

1) 항공기 운항과 기상서비스

항공기가 출발 비행장을 이륙한 후 순항고도를 비행하고 목적지 비행장에 착륙하는 비행 과정을 안전하고 경제적이며 효율적으로 운항하기까지 여러 분야의 항공 서비스가 필요하다.

항공기상업무는 항공 항행을 직접 관제하는 항공 교통 업무와 아주 밀접한 협력관계를 유지해야 한다(항공기상청). 항공기 운항 과정에서 항공기 운항에 위험을 초래할 수 있는 뇌우, 바람 시어, 하강기류 등이 발생하면 항공로 교통체증을 초래한다. 따라서 항공기 운항에 영향을 주는 기상현상에 대해 살펴보고자 한다.

2) 항공기 운항 단계별 관련 기상요소

(1) 항공기 이륙(Take off)과 출발〔Departure(climb out)〕 국면과 기상의 영향

① 바람

지표면에 대한 공기의 상대운동 중에서 수평 방향 성분을 바람이라 한다. 수직 방향 성분은 수직기류이다. 바람은 벡터양이므로 방향과 크기가 있다. 방향을 풍향이라 하고 크기를 풍속이라 한다.

평균풍속에서 수 초 동안 1- knot 이상의 차이가 있는 바람을 돌풍(Gust)이라 하고 수 분 동안 차이가 있는 바람을 질풍(Squall)이라 한다.

공기가 이동하며 바람이 되려면 어떤 힘이 작용해야 하는데 대기에 작용하는 힘은 중력, 기압 차에 의한 힘은 기압경도력, 지구 자전에 의한 편향력인 코리올리 힘, 마찰력 및 원심력 등이다.

고도 1Km 이상 상층의 바람은 마찰력이 없다. 등기압이 직선이면 기압경도력과 편향력이 서로 평형을 이루도록 바람이 불며 이 바람을 지균풍(Geostrophic wind)이라 한다. 지상에서부터 고도가 높아지며 상층으로 올라갈수록 마찰력이 감소하여 풍속이 증가하고 풍향이 바뀌게 된다. 이처럼 고도에 따라 풍향과 풍속이 바뀌는 바람을 전강풍(Wind shear)이라 한다.

평지에서의 풍속의 일변화는 기온의 일변화와 비슷하다. 바람은 해뜨기 시작하면서부터 점차 증가하여 오후 최고 기온이 나타나는 2시경에 최대가 된다. 그 후 점차 감소하여 다음 날 아침 6시경에 최소가 된다. 대기의 안정도가 낮에는 불안정하고 밤에는 안정되기 때문이다. 일변화의 크기는 겨울철보다 여름이 크고, 흐린 날보다 맑은 날이 크다. 해륙풍, 산곡풍, 전원풍도 풍속의 일변화를 한다. 그러나 평지의 지표면으로부터 50m 이상인 높은 곳에서는 풍속의 일변화가 평지와는 반대이어서 밤에는 풍속이 강하고 낮에는 약하다.

- 바람 현상은 이륙 및 상승 국면에서 항공기의 성능에 영향을 미친다. 지상풍 특히 정풍(Head wind) 성분 및 제한적인 배풍(Tail wind) 및 측풍(Cross wind)이다.

다음 그림은 항공기 운항과 비행 과정에 영향을 주는 기상요소를 나타낸다.

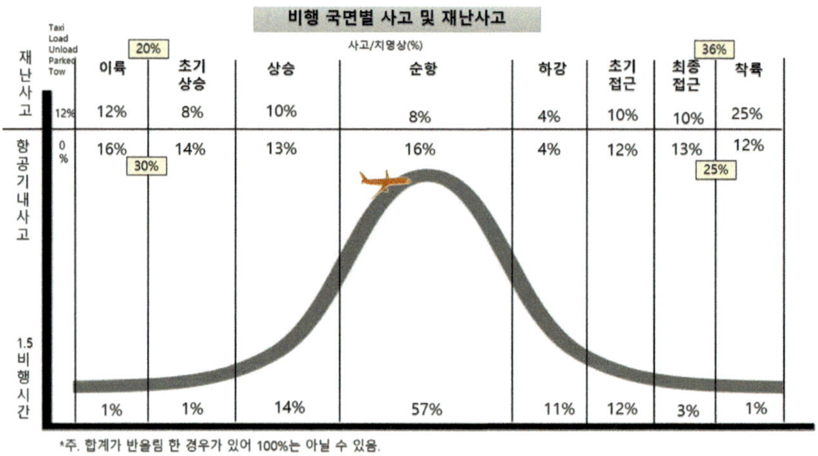

항공기 운항과 비행 과정에 영향을 주는 기상요소

[출처: 미국연방 교통안전위원회(NTSB)]

- 정풍은 이륙할 때 더 큰 하중을 들어 올릴 수 있는 양력을 생성시키며 활주로상에서 도달해야 할 진대기속도를 크게 하므로 항공역학상 표면에 의해 생성되는 양력이 더 크게 한다.

- 이와 반대로 배풍은 도달해야 할 진대기속도를 낮게 하여 최대 허용 이륙중량을 감소시키는 결과를 가져온다. 정풍은 이륙 과정에서 좀 더 많은 하중을 들어 올릴 수 있는 양력을 생성시키고 반면에 배풍은 최대 허용 이륙중량을 감소시킨다.

② 기온

온도는 물체의 차고 더운 정도를 수량적으로 표시한 것이다. 즉 공기의 차고 더운 정도를 수량으로 나타낸 것이 기온이다.

- 기온은 이륙 속력, 엔진 동력 세팅 및 엔진 시동을 위한 가능한 조치와 동체 방빙 절차에 영향을 미친다.

- 기온은 공기밀도에 영향을 준다. 즉 높은 기온은 공기밀도를 감소시키고 그로 인해 양력이 저하되어 최대 허용 이륙중량을 감소시키는 결과를 가져오며 반대로 낮은 기온은 최대 허용 이륙중량을 증가시킨다.

- 이는 착륙 또는 이륙 실패 후 브레이크나 타이어에 주위의 높은 온도에 의해 흡수되는 운동에너지가 더 크게 되는 것으로 고속으로 짧은 활주로에 착륙하거나 이륙 실패는 항공기 브레이크가 많은 운도 에너지를 흡수해야 하며 브레이크 시스템이 온도가 상승하고 이를 냉각시키기 위해 1시간 이상이 필요하기도 하다.

③ 기압

대기의 압력이 기압이다. 대기권에서는 고도가 높아질수록 기압이 감소한다.

기압은 기온이나 상대습도와 같이 명확한 일변화는 나타나지 않으나, 장기간의 각 시각의 평균값에 의하면 하루에 두 번 극대치와 극소치가 나타난다. 기압은 지역시간으로 오전 10시경에 최대로 상승하고, 오후 4시쯤에 최소로 하강한다. 그리고 오후 10시에 2차 최대, 오전 4시에 2차 최소가 나타난다.

- 기압은 지표면 기압이 낮으면 낮을수록 공기밀도는 낮아지고 그에 따라 양력이 낮아져서 항공기 엔진성능이 저하되고 반대로 기압이 높으면 엔진성능이 향상된다.

④ 중요 위험 기상현상

중요 위험 기상현상은 이륙 및 상승 구역의 뇌우, 보통 또는 심한 난류, 바람 시어(wind shear), 우박, 보통 또는 심한 착빙, 심한 스콜라인, 어는 강수, 심한 산악파, 모래 보라, 먼지 보라, 높게 날린 눈, 토네이도 또는 용오름 등이다.

(2) 접근(Approach) - 착륙(Landing) 국면과 기상의 영향

① 목적지 공항 및 대체공항의 기상 상태

- 정풍(Head wind), 배풍(Tail wind), 기온(Temperature), 기압(Pressure) 등의 영향을 받는다. 착륙을 위해서는 활주로 길이와 실패-접근 능력의 두 가지를 고려해야 한다.

- 착륙접지대에서의 속도는 정풍/배풍에 의해 비행한 계기속도를 가감하게 된다. 정풍의 경우 항공기는 더 낮은 지상 속도에서 착륙하게 되고 정지하기 위한 거리가 짧아지지만 배풍의 경우는 그 반대이다.

- 활주로에서 정지거리는 또한 배풍, 측풍과 같이 젖은 상태의 활주로에 의해서도 영향을 받는다.

- 실패 접근 가능성에 대해 기온, 기압고도를 고려해야만 한다. 또한 착빙 상태일 경우에 날개나 동체에 얼음이 형성되면 항공기의 성능에 거스르는 작용을 한다.

3) 항공 항행에 영향을 주는 중요기상 요소의 분포는 다음 그림과 같다.

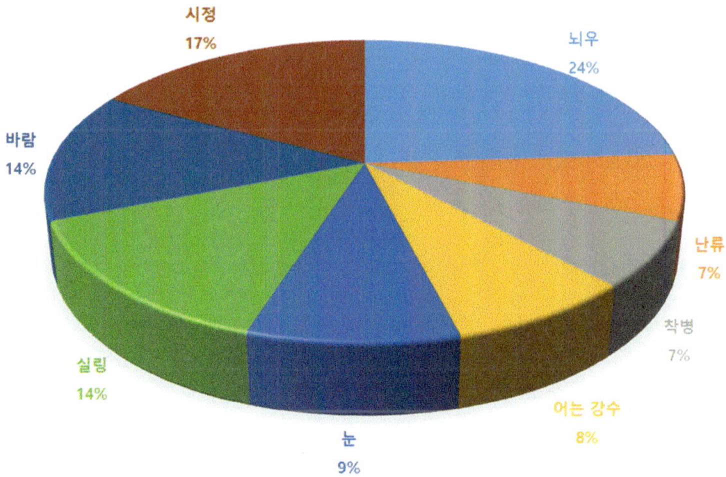

항공 항행에 영향을 주는 중요 기상요소분포
[출처: 미국 NOAA/NWS]

4) 비행장 내의 기상요소

(1) 비행장 내의 관측 기상요소는 다음과 같다.

① 바람(평균 풍향 풍속)

② 시정

③ 활주로 가시거리

④ 현재 일기

⑤ 구름(운량, 운고, 운형)

⑥ 기온 및 이슬점 온도

⑦ 기압

⑧ 최근 일기

2. 항공로 위험 기상

1) 비행장 인접 구역의 기상요소

(1) 비행장과 그 인접 구역의 중요 위험 기상 상태, 특히 상승 및 접근구역의 기상 상황은 다음과 같다.

① 적란운 또는 뇌우;

② 보통 또는 강한 난류;

③ 하강기류를 포함한 윈드시어(Wind shear)

④ 우박

⑤ 심한 스콜라인

⑥ 보통 또는 강한 착빙

⑦ 어는 강수

⑧ 강한 산악파

⑨ 모래 보라

⑩ 먼지 보라

⑪ 높게 날린 눈

⑫ 깔때기 구름(토네이도 또는 용오름)

⑬ 화산재 구름

2) 항공기에 영향을 미치는 기상현상 및 대류운 관련 위험 기상현상

(1) 항공로(En-route) - 순항고도(Cruise altitude) - 하강(Decent) 국면과 기상의 영향

① 기온

기온은 엔진의 성능, 연료 효율, 진대기속도 및 항공기 운항의 최적 순항고도에 영향을 미친다. 초기의 제트엔진은 표준대기 위에서 매 1℃ 상승할 때마다 약 1%의 연료를 더 소모하였으며 현대의 대형 항공기는 기온이 10℃ 할 때마다 약 3%의 연료를 더 소모한다.

- 연료가 200t을 초과하는 현대 제트 항공기 총 이륙중량의 약 30%를 차지하며 10℃의 기온상승은 약 2t의 추가 연료가 필요하게 된다.

② 바람

- 상층바람(Upper Wind)은 항공기 운항효율에 아주 명백한 영향을 미친다. 현대의 대형 제트 항공기의 경우 50kt의 정풍은 최적 순항속도의 약 11%를 감소시키며 배풍은 그 반대로 작용한다.

(2) 대류운 관련 위험 기상 형상

① 뇌우(Thunderstorm)

뇌우는 단세포 뇌우, 다세포 뇌우, 거대세포 뇌우로 구분할 수 있다.

- 딘세포 뇌우

  차가운 하강기류가 지면에 도달하여 지면 위로 흐를 때 찬 하강기류가 상대적으로 따뜻한 주위 공기를 치켜올리면서 상승기류를 형성한다. 이 대 상승하는 온난한 공기와 찬 기류 사이에 경계가 형성되는데 이를 돌풍전선(gust front)이라고 한다.

  돌풍전선에 의해 형성된 상승기류는 새로운 구름을 형성할 수 있다.

  뇌우 발달 시 항상 대기 경계층에 역전층이 존재하는 것은 아니지만 역전층은 격렬한 뇌우 발달에 중요한 역할을 한다.

- 다세포 뇌우

  다세포 뇌우는 그 형태에 따라서 스콜라인과 중규모 대류 복합체로 구분된다. 다세포 뇌우의 경우 각 세포는 서로 다른 발달단계에 따라 적운단계, 성숙단계 그리고 소멸단계로 구분된다. 따라서 각 세포에 따라 하강기류와 상승기류, 강수 발달 정도가 다르다. 그래서 다세포 뇌우의 수명은 딘세포 뇌우보다 길어서 4~5시긴 지속되기도 힌다.

- 거대세포(supercell) 뇌우

거대세포(초대형) 뇌우라는 용어는 1962년 영국의 기상학자 K. Browning에 의해 처음으로 사용되었다. 거대세포 뇌우는 전체적인 규모는 다세포 뇌우와 비슷하나 여러 개의 세포로 된 조직이라기보다는 단세포가 현저하게 크고 강한 모습을 띠는 매우 조직화된 대류계이다. 거대세포 뇌우는 주로 대기 중에 강한 수직 시어가 존재할 때 발생하며, 준 정지 상태(Quasi-state)의 회전 운동을 하는 대류 세포로 구성되어 있다. 거대세포는 다세포 뇌우와 비슷하게 대기가 매우 불안정하고 연직 바람 시어가 매우 강할 때 발달하는 것으로 관측되고 있으며, 다른 뇌우에 비해 거대세포 뇌우의 발생 빈도는 적은 편이다.

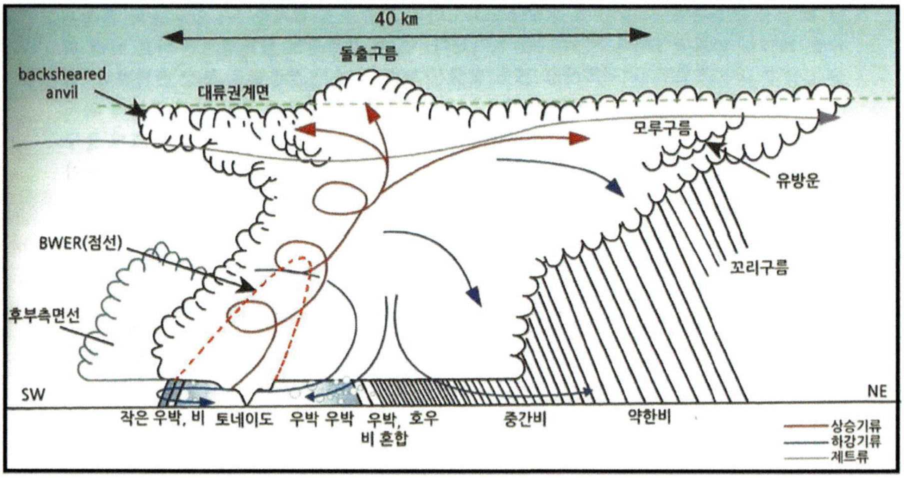

발달한 거대세포 뇌우의 단면도

[출처: 이동인 외, 2016]

- 대류성 기상현상에 기인하는 날씨 상황이 공역 및 항공로 상의 항공기 운항과 항공 교통관리에 미치는 영향은 막대하다.

- 적란운 및 탑상적운(CB, TCU), 폭풍우 및 폭설, 뇌전, 우박, Micro-burst 및 Wind shear, 난류(Turbulence), 착빙(Icing), 우박 등은 항공기 안전 운항과 경제적이고 효율적인 항공로 활용의 주 저해 요소이다.

- 모든 뇌우는 여러 가지 단일 위험 요인을 묶어놓은 위험한 항공기상 현상을 내포하고 있는 복합체다. 어떤 형태의 뇌우든지 항공기는 모든 범주의 뇌우와 만나면 회피해야 한다.

- 뇌우와 관련된 항공기상의 위험 요소는 낙뢰(Lightning), 난류(Turbulence), 바람 시어(Wind shear), 착빙(Icing), 우박 피해(Damage in hail), 시정감소(Reduced visibility), 폭우(Heavy precipitation), 토네이도/용오름(Tornado/Waterspout), 고도계 간섭(Altimeter Interference) 물 흡입(Water ingestion) 등이 있다.

- 항공기가 이륙, 비행, 착륙할 때와 지상에서의 위험 기상은 항공기의 수직적 전위, 속도 및 가속과 연관된 난류 지역, 뇌우로부터 퍼져 나오는 하강기류의 수평적 유출로 인한 Gust-front 지역, 구름 내의 상승 또는 하강기류 경계 지역, Gust-front의 Leading edge와 상층 표면 지역, 강한 수직 및 수평 바람 시어 발생 구역, 깔때기 구름(예. 토네이도) 발생지역, 구름 속의 상승기류 상층부 확대 지역 등은 항공기의 정상적 운항을 저해할 뿐 아니라 종종 치명적 재난을 초래할 수 있는 지역이다.

(3) 항공기상 위험 요소의 종류

① 전형적인 건조 마이크로 버스트(Typical Dry Micro-burst)

- 마이크로 버스트에서 발생하는 Down-burst가 지면에 부딪혀서 Down-burst 줄기로부터 퍼져나간다.

- 관측자는 지면에서 Gust-front에 기인하여 솟아오르는 먼지와 지면의 먼지 환상(環狀) 형태의 먼지를 감시해야 한다.

- 건조 마이크로 버스트는 저층은 따뜻하고 건조한 하층 구름층이고 중층은 습윤한 상태이며 지면에 약한 시어가 있으나 번개 및 천둥이 발생치 않고 발달할 수 있어야 한다.

- 상층의 적운 또는 고적운은 손상을 주는 건조한 마이크로 버스트와 종종 관련이 있다. 건조 마이크로 버스트에서는 강수가 매우 약하거나 지면에 도달하지 않으며(Virga 증거) 증발 냉각이 시작되고 강수의 증발로 주변공기가 서늘해지며 이는 강도를 증가시켜서 음의

부력을 생성한다.

② 전형적인 습윤 마이크로 버스트(Typical Wet Micro-burst)

- 뇌우 형태에서 발생하는 약한 수직 시어와 건조한 층으로 둘러싸인 모자 형태의 깊은 습윤 지역이다.
- 강수(Precipitation) 형태는 매우 많은 양의 강수량을 동반하며 건조한 공기 속에서 수적의 증발이 시작되어 공기가 서늘해지고 이로 인해 구름이 하강한다.
- 떨어지는 강수와 함께 이끌려 내려가는 좀 더 서늘하고 좀 더 밀도가 큰 공기는 강력한 Down-burst 바람을 생성한다.

③ 폭우(Heavy Precipitation)

- 폭우는 아주 강한 강수강도를 갖고 있으며 특히 뇌우 인접 구역의 강수는 항공기에 정전기("Stiletto's Fire")를 축적할 수 있어 무선 송신을 간섭하여 낮은 무선 주파수에 소음 교란을 초래한다.
- 젖은 활주로(Wet runways)는 착륙과정에서 정지 능력을 감소시키고 지상에서의 조종 제어를 어렵게 한다.

④ 뇌우 속의 결빙(Icing in Thunderstorm)

항공기가 비행할 때 생기는 결빙은 날개, 프로펠러, 및 헬리콥터 로터 깃의 앞전과 같은 노출면에 충돌한 물방울이 얼어붙어 발생한다. 결빙이 생기기 위해서는 비행기가 비 또는 구름의 물방울 속을 비행할 때 온도가 0℃ 이하여야 한다.

- 뇌우 속의 상승기류는 많은 수의 과냉각 수적 방울을 떠받치고 있으며 과냉각된 수적은 항공기와 부딪치면서 결빙이 될 수 있다.
- 과냉각 수적 방울은 0℃ ~ -20℃ 사이에 많이 존재한다.

- 항공기가 착빙에 노출되는 것은 매우 위험하다.

- 항공기에 대한 결빙의 위험 영향은 축적된 결빙이 항공기 성능을 저하하고 항공기 실속(stalling speed)을 증가시키고 항공기에 대한 최적의 항공역학 흐름의 손실(Destroy)을 가져와 항력이 증가하는 반면에 양력은 감소하게 된다.

- 엔진 고장과 프로펠러 진동의 원인이 되며 제트엔진의 Compressor blades 손상을 가져올 뿐 아니라 표면 및 착륙기어(Control surfaces and landing gear), 계기 시도(예, 속력, 고도 및 수직 속력), 통신 시스템(안테나 등)에 간섭을 일으킨다. 또한 조종사의 시정을 감소시키고 질량이 증가하여 항공기 세로 방향 평형을 잃게 한다.

⑤ 깔때기 구름 : 토네이도/용오름(Funnel Cloud: Tornado/Water Spout)

토네이도(Tornado)는 적란운 또는 적운형 구름에서 깔때기(Funnel) 또는 로프(Rope) 모양으로 비어져 나온 강한 회전을 하는 공기기둥으로 그 기둥의 밑변은 지면과 접하고 있다. 깔때기구름(Funnel Cloud)도 회전하는 토네이도와 비슷하지만, 그 하부가 지면과 접하고 있지 않다. 토네이도 직경은 대체로 수백 미터고 최대접선 속도는 140m/s이다(Lin, 2007).

- 토네이도는 초대형 세포 뇌우에서 발생하지만 모든 초대형 세포 뇌우가 토네이도를 발생시키는 것은 아니다.

- 토네이도 형성은 두 가지로 구분할 수 있다.

하나는 초대형 세포 토네이도(Supercell Tornado)와 다른 하나는 비 초대형 세포 토네이도(Nonsupercell Tornado)이다. 초대형 세포 토네이도의 형성은 적란운의 하부에 벽구름(Wall Cloud) 그리고 구름 내부에 중저기압(Mesocyclone)을 동반한다.

비 초대형 세포 토네이도는 초대형 세포 토네이도와 달리 벽구름 또는 구름의 중층에 중규모저기압이 있다. 비 초대형 세포 토네이도는 비교적 약하긴 해도 일반 뇌우는 물론 강력한 다세포 뇌우와 함께 발생할 수 있다.

대류운 하부에 형성된 용오름(울릉도 인근, 2011.11.10.)
[출처: 이동인 외, 2016.]

- 토네이도와 용오름은 보통 깔때기 구름으로 식별할 수 있으며 극도로 파괴적이고 가장 격렬한 기상현상이다.
- 토네이도의 형성은 심한 폭풍(storm)의 바람 시어 환경에 달려 있고 항공기에 구조적인 손상을 가할 수 있다.
- 직경이 수 미터(m)에서 수백 미터(m)까지 다양하며 지상에서 발달한 깔때기 구름을 토네이도라 칭하며 수면 위에서 발달한 것을 용오름이라 한다.
- 가장 격렬한 토네이도는 풍속이 약 300kt에 이를 수도 있다.

⑥ 우박(Damaging Hale)

우박(Hail)은 둥근 공 모양 또는 불규칙한 모양을 한 지름 2mm 이상인 고체상태의 강수입자로 항공기, 농작물, 가축과 인명 등에 커다란 피해를 준다.

우박은 강한 상승기류에서 번갈아 상하운동을 하면서 많은 과냉각 수적과 충돌하면서 적란운에서 성장한다. 강한 상승기류는 우박이 구름 속에 장시간 있을 수 있도록 하는 역할을 한다. 우박의 크기는 보통 1cm(콩알) ~ 5cm(골프공) 정도이지만 크기가 20cm 이상 되는 것도 관측된다. 우박이 지상에 떨어질 때 큰 피해를 주는 것은 커다란 낙하 속도 때문이다. 직경이 3cm인 우박의 종단 낙하 속도는 35m/s이다. 따라서 사람이나 가축이 우박을 맞게 되면 목숨을 잃을 수도 있다.

- 우박은 지상에 있거나 비행 중인 항공기에 심각한 손상을 준다. 우박의 대부분은 중위도 지방에서 나타나는 현상으로 강한 뇌우 속에는 상승기류가 강력하여 큰 우박이 부유하면서 폭풍(storm)의 구름 속에서 떨어질 때까지 위아래로 순환하면서 과냉각 수적 방울과 얼음 알갱이를 끌어모아서 무거워지게 된다.

- 5~50mm 이내의 직경을 갖는 투명하거나 부분적 또는 완전히 불투명한 얼음조각 형태로 1kg 이상의 하중을 갖는 매우 큰 우박이 관측된 일도 있다.

- 직경 5mm 이하의 투명한 얼음 입지의 얼음층으로 전체 또는 부분적으로 둘러싸인 눈 싸라기로 구성되며 눈 싸라기와 우박의 중간 단계이다. 단단한 지면에 떨어져 튀는 소리를 들을 수 있다.

⑦ 낙뢰 위험(Lightning Hazards)

- 낙뢰는 적란운(Cumulonimbus: CB)의 발달단계에서 전기장이 생성되고 일단 충분한 우박이 형성되면 우박이 떨어지면서 좀 더 작은 얼음결정체(Ice crystals)와 충돌한다. 충격의 순간 전하(Charge)가 이동하여 얼음결정체는 양전기로 우박은 음전기로 분리된다.

- 음전기를 띤 좀 더 무거운 우박은 구름의 밑에 부분으로 계속 떨어져서 운전 부분에 음전기 영역을 형성하고 양전기의 얼음결정체는 좀 더 가벼우므로 운선 쪽으로 양전기 영역을 형성하게 된다.

- 공기는 아주 뛰어난 절연체이므로 아주 큰 전하를 수용할 수 있다. 결론적으로 전기적 충전이 주변공기가 "Breaks down"되는 임계량까지 축적된다. 일단 Stepped leader가 지면 근처에 가까워지면 지면의 양전하와 연결되고 Return stroke가 발생한다.

- 뇌우에서는 매우 높은 전기적 방전이 발생한다. 모든 격뢰(Strikes)의 약 80%가 구름 속(Cloud to Cloud)에서 이루어지며 낙뢰(Cloud to Ground)는 지상에 있는 인명(감전사 위험)이나 시설물에 대한 위험 요소이다. 일반적으로 뇌우가 심하면 심할수록 격뢰(Strokes)의 빈도가 높아진다. 격뢰(Lighting strikes)의 정확한 위치와 시간을 예측하는 것은 매우 어렵다.

- 낙뢰는 항공기 동체에 손상과 부품(통신장비 등) 연소, 융해 또는 뒤틀림, 특히 지상에서의 연료 보급과정에서 발화 등의 직접적 손상과 항공전자 부품에 대한 일시적 또는 영구적인 손상, 연료 계통의 발화, 조종사의 일시적 쇼크 및 눈멀음 등의 간접적인 피해를 초래한다.

3. 드론 비행 날씨

기상 정보와 예보들은 여러 가지로 드론 비행에 도움을 주고 있다. 비가 올 것이라는 예보는 우산을 챙겨 나갈 수 있게 하듯 드론을 비행하는 조종자에게 비행을 계획하고, 실제로 드론을 비행하는 데 있어 기상의 확인과 판단은 중요한 요인이 된다.

[출처: 기상청 홈페이지, 2023.]

드론 조종자는 계획한 비행경로 상의 기상이 좋은지, 좋지 않은 예보가 된 지역은 없는지 매 비행 판단해서 비행계획을 해야 한다. 이는 드론 비행 안전상의 이유와도 밀접한 관계가 있다. 드론을 날리기 위한 비행 날씨는 기상청 홈페이지를 통해 확인할 수 있다.

아무리 날씨가 좋아도 바람이 강하게 불면 드론 비행을 포기하여야 한다. 돌풍이 휘몰아치면 드론 기체가 뒤집혀 추락할 수 있기 때문이다. 따라서 드론 촬영 현장에 도착하면 가장 먼저 바람의 세기를 확인해야 한다.
특히 드론 비행의 가장 큰 위험요인은 한 번씩 휘몰아치는 돌풍이다. 실제로 돌풍에 의해 드론 기체가 추락하는 경우가 많다.
드론 비행 경력이 부족한 초보자는 바람 세기에 대한 기준을 잡기 어렵다. 따라서 드론 비행 초보자는 풍속계를 기준으로 바람의 세기를 분별하여야 한다.

바람의 세기는 풍향계를 통하여 그 세기를 알 수 있지만, 풍향계가 없으면 스마트폰의 주요 날씨 알림을 통해 풍속을 알 수 있다. 드론 비행에 유효한 풍속의 정보는 다음과 같다.

0 ~ 4m/s : 드론 비행 적합
5 ~ 6m/s : 드론 비행 주의
7 ~ 8m/s : 드론 비행 위험
9m/s 이상 : 드론 비행 금지

드론 비행 현장의 바람 세기를 확인한 후 드론 비행 동선에 방해가 되는 것은 없는지 확인하는 습관을 길러야 한다. 드론 활영에서 안전한 비행 동선 확보는 드론 비행에 크게 도움이 될 것이다.

Hello Smart Drone

부록 1

드론과 우리 생활

제1장 드론 시장 현황

1. 드론 산업 시장 규모
2. 드론 시장의 현황

제2장 드론 활용 분야 및 사례

1. 공공부문의 드론 활용사례
2. 군사적 드론 활용사례
3. 농업 분야 드론 활용사례
4. 상업용 드론 활용 분야 및 사례
5. 산업용 드론 활용 분야 및 사례

부록 1

드론과 우리 생활

제1장 드론 시장 현황

1. 드론 산업 시장 규모

전 세계 드론 시장은 급격하게 성장하고 있다. 드론은 조종사 없이 무선전파의 유도로 비행과 조종을 할 수 있는 무인항공기로, 처음에 드론은 군사 용도로 사용되어 오다가 2010년을 넘어오면서 드론은 기후 변화를 감시하는 것에서부터 자연재해 수색 및 구조, 감시활동, 교통 모니터링, 기상 모니터링과 같은 공공의 목적을 위한 활용에서 개인적인 취미 활동이나 비즈니스를 목적으로 사진 혹은 비디오 촬영, 농업 분야에 이르기까지 광범위한 민간영역에서도 활용할 수 있었다. 드론 산업은 2026년까지 연평균 29% 급성장이 예상되며 전 세계 항공 산업 전체에서도 연평균 4~5% 성장이 전망되고 있다.

전 세계 상업용 시장에서 중국의 DJI는 세계 시장의 70%를 차지, 절대적 지위를 차지하고 있지만, 전체 드론 시장에서 드론 제조 분야는 14.8%를, 51.7%는 드론을 활용한 다양한 사업 서비스 분야이다.

드론은 교통 분야뿐만 아니라 송전탑, 저탄장, 태양광, 풍력 발전시설, 송유관 등 에너지 시설 점검, 실시간 산불 감시, 적조 모니터링, 기상 예보 등 분야에서도 큰 역할을 할 것으로 전망되고 있다.

전체 드론 제조사는 총 49개국으로 대부분 국가가 산업용 드론이 아닌 군사용 드론을 제작하고 있다. 특히 전체 드론 제작회사 274개 중 미국 제조사는 47개로 전체의 19%를 차지하고 있다.
민수용 드론 분야는 현재까지 일반 소비자용 소형드론이 시장 대다수를 차지하였으나 상업용 시장을 중심으로 성장이 지속될 것으로 전망된다. 향후 10년간 상업용 무인기는 연평균 약 36.8% 성장할 것으로 예상된다.

2. 드론 시장의 현황

1) 전 세계 드론 시장 현황 및 선망

전 세계 민간 드론 시장은 2021년 100억 달러에서 2025년 109억 달러로 성장할 것으로 전망되고 있다.

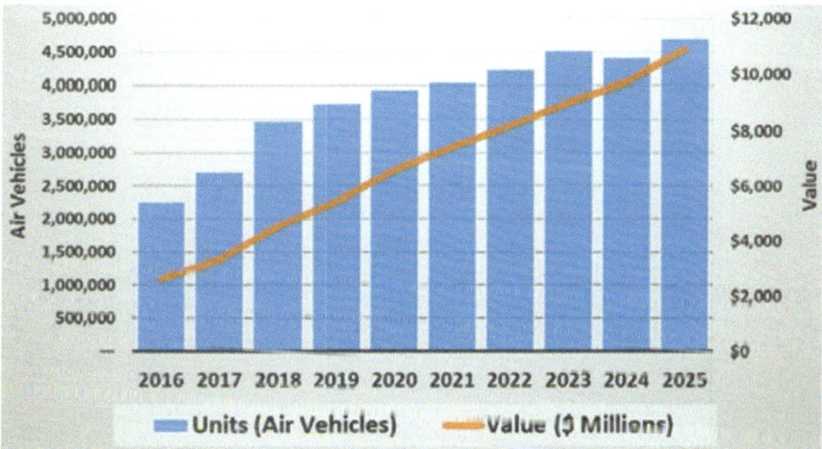

세계 드론 생산량 및 생산액
[출처: 美 Teal group; L. Geiver, Exclusive Insight: Teal Group's new UAS market report, UAS magazine, 2016.9.20]

드론 분야의 대표기업은 전통적인 기존 항공기 관련 제조업체를 중심으로 IT, 전자, 통신업체들의 융합, 완구용 비행 로봇을 생산하는 업체 등에 이르기까지 다양한 사업영역에서 드론 시장 진출이 이루어지고 있다.

미국: 보잉사, General Dynamics, Northrop Grumman, 3D 로보틱스

일본: 야마하 발동기, 히타치

중국: DJI, Ehang, HuhSan

한국: 대한항공, 한화, LG CNS, LG 유플러스, 바이 로봇(완구), 성우 엔지니어링(무인헬기) 등

2) 국내 드론 산업 정책, 현황, 전망

(1) 국내 드론 산업 정책

드론은 혁신성장 선도 사업의 하나로 국내 드론 시장은 지속해서 성장하고 있다.

우리나라 정부는 2017년 11월 드론을 혁신성장의 선도 사업으로 선정하여 범정부 차원에서 드론 산업을 집중하여 육성하고 있다. 우리나라 정부는 드론 산업 육성과 우수기업 발굴을 위해 '드론 산업발전 기본계획'을 2017년 12월 수립하였다. 또한 우리나라 정부는 드론 분야 활성화를 위해 드론 법은 2019년 4월에 제정되었고, 2020년 11월에 드론 산업육성정책 2.0 발표하였다. 이러한 정부의 드론 산업 육성 정책과 규제 개선 등으로 국내 드론 시장은 2017년 2천억 원에서 2020년 5천억 원으로 약 2.5배가 증가하였다.

드론 시장은 H/W, 소프트웨어, 활용시장으로 나눌 수 있다.

드론 H/W 시장은 중국 DJI 등이 저렴한 가격을 바탕으로 시장의 70%를 점유하고 있으나, 활용시장은 세계 선두주자가 없는 상황이다.

드론 산업 후발주자인 국내 드론 산업이 국제 경쟁력을 확보하기 위해서 우리나라 정부는 '드론 산업 경쟁력 강화방안'(2021.12)을 통해 비교우위가 있는 드론 활용시장을 중심으로 국제 경쟁력 확보를 위한 육성 계획을 추진하고 있다(관계부처 합동, 2021년 12월).

(2) 국내 드론 산업 현황

대표적인 국내 드론 사업자는 유콘시스템, 성우엔지니어링, 원신스카이텍, 무성항공 등이나 아직 매출액 규모가 크지 않다. 정부에서는 이러한 상황을 고려하여 관련 산업 활성화를 위해 2015년 10월 사업 제안서를 공모하여 2016년 1월 27일 무인 비행 장치 시범사업 공역 5개 지자체와 사업자 15개 컨소시엄을 선정하여 양해각서(MOU, Memorandum of Understanding)를 교환하였다.

드론은 국토교통부 항공법상에서 초경량 비행 장치 중 무인 비행 장치로 분류되며 무게 150kg 이하로 규정되어 있다. 특히 무게 12kg 이하면 비행금지구역 및 관제권 외부, 고도 150m 이내에서는 승인 없이 자유롭게 비행할 수 있다. FAA 규정과 마찬가지로 주간에 조종사의 시야 내에서만 비행하게 되어있다. 기체의 무게가 12kg 초과하면 무인 비행 장치 비행 자격증명이 취득되어야 한다. 최근까지 국내 민간용 드론 시장은 항공촬영 및 농업 분야에 국한되어 있었다. 하지만 정부는 최근 국토교통부 드론 시범사업을 통해 물품 수송, 산림감시, 안전진단, 국토조사, 해안 감시, 통신망, 촬영 레저, 농업지원의 8개 분야로 관련 사업을 확대하였다.

우리 생활에 가장 밀접한 변화를 가져올 드론 분야는 물품 수송 분야를 꼽을 수 있으며 6개 컨소시엄이 시범사업을 수행하게 된다. 이들 컨소시엄 중 대한항공, CJ대한통운, 현대로지스틱스의 컨소시엄 참여는 시범사업 이후 상용화에 대한 전망을 밝게 하여준다(양희돈, 2016년 6월).

(3) 국내 드론 시장 전망

정부는 세계 드론 시장의 7대 강국으로 도약하기 위한 청사진을 마련하였다. 이를 통해 정부는 2025년까지 상용화 성공모델 20개를 발굴하고 국내시장 규모를 1조 원으로 확대할 방침이다(대한민국 정책브리핑, www.korea.kr).

그동안 정부는 4차 산업혁명에 대응하여 드론을 혁신성장 선도 사업으로 선정하고 범정부

차원에서 드론 산업을 육성했다.

정부는 지난 2017년 12월 드론 산업 육성과 우수기업 발굴을 위한 '드론 산업발전 기본계획'을 최초로 수립하였고, 드론법 제정, '드론 산업육성정책 2.0' 등을 발표한 바 있다. 그 결과 국내 드론 산업의 시장 규모는 2016년 704억 원에서 지난해 4,945억 원으로 급격히 성장하게 되었다.

다만, 국토교통부는 국내 드론 생태계는 드론 활용 분야가 특정 분야에 집중돼 있고, 드론의 도심 내 비행에 대한 우려와 함께 지속적인 드론 인프라 및 인력 공급과 제도적 보완 등도 필요하다고 밝힌 바 있다. 이에 정부는 세계 드론 시장의 7대 강국으로 도약하기 위해 2025년까지 상용화 성공모델 20개를 발굴하고, 국내시장 규모를 1조 원으로 확대하는 것을 목표로 4대 추진 방향 및 20개 추진과제를 마련하였다.

정부는 드론 상용화에 따른 비가시권 장거리 비행 확대에 대비해 최대 20km까지 통신이 가능한 저주파 대역(433MHz) 드론 통신 기술 개발을 2025년까지 완료할 계획이다. 또한 정부는 현재 개발 중인 KPS(한국형 위성항법시스템), KASS(한국형 위성항법보정시스템)를 드론에 접목해 정밀 항로 설정, 이착륙 등 드론의 위치 정확도를 높여나가기로 하였다.

또한 정부는 'K-드론 대표단'을 구성, 국제 드론 엑스포 등에 적극적으로 참여해 국내 드론·기술 홍보 및 수출 상담을 지원하고 해외 ODA 등 해외 입찰 정보 제공 및 해외 시장 동향 보고서 발간으로 해외 시장 진출 체계적으로 지원할 방침이다.

이러한 정부의 대책으로 국내 드론 시장의 규모는 2020년 5,000억 원에서 2024년 8,000억 원으로 2025년에는 1조 원으로 크게 성장하고 드론 관련 일자리는 2020년 4,600명에서 2025년에는 9,200명으로 증가할 것으로 전망된다(관계부처 합동, 2021년 12월).

(4) 국외 드론 산업 현황

국외 드론 산업은 상품배송 분야를 중심으로 감시정찰, 소방 방재, 재난 대응, 통신 중계, 방송 및 영화 촬영, 농약 살포, 의료, 관광 등의 광범위한 분야에서 성장하고 있다.

현재 운영 중인 드론의 용도는 주로 인명구조, 산림보호, 소방 방재, 범죄 현장 정찰 등이다. 중고도나 고고도에서 운영 중인 국방이나 우주 항공 분야 무인기는 감시정찰이나 연구용 무인기가 대부분을 찾이 하고 있다.

국외 드론 산업은 물류 분야에서 아마존의 프라임 에어 드론 서비스 상용화를 통해 크게 성장할 것으로 전망된다.

2015년 플러티(Flirtey) 사에서 제작한 드론이 미국 연방항공청과 미국 항공우주국과 협력하여 4.5kg의 의약품을 배송하는 데 성공하였다.

아랍에미리트(UAE)는 2014년에 세계 최초로 정부 문서 배송에 드론을 활용하는 계획을 2015년과 2016년에 각각 발표하였으나 실행에 옮기지 못하고 있다.

스위스와 호주는 우편 배송에 드론을 활용하겠다는 계획을 발표했으나 시범 적용 단계에 머물러 있다. 이는 드론 배송에 요구되는 기술적 성숙도나 제도적 기반의 구축 문제에 기인한 것으로 생각된다.

DHL은 2014년 9월에 독일의 항구에서 12km 떨어진 섬 지역까지 DHL 파셀(Parcel)콥터를 이용하여 의약품을 성공적으로 배송하였다. 월마트는 2015년 말부터 유통센터 간 물품 배송을 시작으로 드론 배송서비스를 준비하고 있다(심승배 외, 2016).

제2장 드론 활용 분야 및 사례

1. 공공부문의 드론 활용사례

1) 드론의 산불 화선 감시

산불 진화에 중요한 부분은 주불이 어떻게 확산하는지를 파악해야 민가의 피해를 예방할 수 있고 산림 방재를 위한 계획을 수립할 수 있다. 특히 야간산불의 화선 감시는 대형 산불로 확산하는 것을 사전에 방지하고 산불피해를 최소화하는 선제적 임무이지만 기존의 산불 진화 체계에서는 야간의 진화행위가 불가능에 가까웠다. 하지만 유인 비행체의 야간비행 안전성 문제로 운영이 어려운 것과 달리 드론은 신속하게 어디서나 자유롭게 비행할 수 있어 산불 현장에 투입되고 있다.

산불 화선의 드론 감시(화천 산불 현장)

[출처: 진정회 외 2017년 4월]

2) 산림보존을 위한 산림병해충 예찰 및 방재

국립 산림과학원은 2016년 드론과 3D 스캐너 등을 활용하여 정확성이 높은 3차원 이미지 분석기술을 산림보존에 적용하고 있다. 드론이 숲의 상공을 촬영한 자료와 3D 스캐너가 숲속 내부를 스캔하여 얻은 자료를 융합하면 조사가 이루어진 숲속의 모습을 입체적으로 시각화하여 구현할 수 있다. 이렇게 구현된 3차원 정보를 이용하면 각 나무의 높이와 지름, 나무 사이의 거리를 95% 이상의 신뢰도로 정확하게 측정할 수 있다.

또한 국립 산림과학원은 산림병해충, 산림재해에 드론을 활용하고 있다. 드론을 소나무재선충병 피해목 조사에 활용한 결과 기존 인력 예찰에 비행 조사 기간은 약 90% 단축하였고, 1인당 조사 가능 면적은 10배로 증가하였다. 이외에도 국립 산림과학원은 조림, 벌채, 숲 가꾸기 등과 산림 내에 산재한 시설물 관리, 불법 산지 훼손 감시 등 다양한 분야로 확대할 예정이다.

3) 해양환경의 적용 사례

해양환경은 풍속변화가 심하고 풍속도 강하여 소형드론의 운용이 어려운 환경이다. 우리나라에서 매년 찾아오는 재해가 있다. 첫째는 태풍이고, 둘째는 적조 피해이다. 적조 피해는 태풍피해와는 달리 적조현상을 빨리 탐지하고 방재를 하게 되면 피해의 60~70%를 줄일 수 있다. 이에 따라 매년 6월부터 10월까지 4개월간 거의 매일 100여 척의 배로 적조 발생 유무를 탐지하기 위하여 10~20km를 왕복한다.

드론은 고도를 높이는 것이 가능하기 때문에 수십 km까지 드론이 비행할 필요가 없고 비행체의 탑재된 광학기기의 광학줌 기능을 높이면 원거리의 적조 발생 유무를 확인할 수 있다. 국립수산과학원에서 이러한 임무를 드론으로 적조 발생을 탐지하고 방재하는 시범사업을 시행하여 기대 이상의 성과를 올렸다(진정회 외, 2017년).

완도 적조 발생 탐지 및 방재 현장
[출처: 진정회 외 2017년 4월]

2. 군사적 드론 활용사례

1) 군사용 드론

2022년 10월 17일 우크라이나 수도 키이우 상공에 러시아군 드론 28대가 나타났다. 우크라이나는 러시아군 드론 여러 대를 격추했으나 이 중 5대가 지상으로 돌진했고, 1대는 아파트에 낙하했다. 이에 따라 죄 없는 민간인 4명이 숨졌다고 한다. 러시아군이 사용한 드론은 목표물에 떨어져 폭파하는 자폭 드론이었다.

우크라이나군 역시 드론을 적극적으로 활용하고 있다. 우크라이나군은 튀르키예가 만든 '바이락타르 TB2'를 도입해 사용 중이다. 2020년 아르메니아-아제르바이잔 전쟁 때 아제르바이잔군이 아르메니아 전차를 파괴할 때 사용해 유명해진 기종이다. 미국도 우크라이나에 소형 자폭 드론인 스위치블레이드 700대를 제공한다고 2022년 8월 밝힌 바 있다. 이렇듯 우크라이나 전쟁은 각종 군사용 드론들의 시험장이 되고 있다.

한때 군사용 드론은 일부 군사 강국만이 사용하는 첨단 무기였다. 이스라엘이 1970~80년대 중동전쟁 당시 중동 국가들의 방공망을 파악하기 위해 정찰용 드론을 개발하기 시작하면서 본격적으로 전장에서 모습을 드러냈다. 이스라엘의 군사적 성공에 자극받은 미국도 드론 개발에 본격적으로 나섰다. 특히, 2007년 테러와의 전쟁을 계기로 드론 운용이 폭발적으로 늘었다. 2020년 1월 가셈 솔레이마니 이란혁명수비대 쿠드스군 사령관을 암살할 때 사용한 MQ-9 리퍼가 대표적인 기종이다.

2010년대 이후 기술 발전과 상업용 드론의 광범위한 보급 등으로 군사용 드론은 더는 일부 국가의 점유물이 아니다. 이란과 튀르키예 등이 드론을 양산하기 시작했고 드론 가격은 저렴해졌다. 예멘 후티 반군이 2019년 드론을 이용해 사우디아라비아 정유시설을 공격한 사례는 그런 변화를 보여준 사건이었다. 우크라이나 전쟁에서는 더 본격적인 변화가 나타나고 있다. 최근엔 무인 무기에 인공지능(AI)을 결합한 자율형 살상 무기 시스템(LAWS)이 미래 전장에 본격 등장할 것으로 예견된다(garden@hani.co.kr, 2022년 11월).

우크라이나 드론 부대 Aerorozvidka
[출처: The Guardian 홈페이지, 2022.3]

2) 지뢰탐지용 드론

유엔 보고서에 따르면 매일 10명의 무고한 사람이 지뢰를 밟아 죽거나 신체 불구가 된다고 한다. UN은 약 1억 1천만 대의 지뢰가 땅속에 묻혀 있을 것으로 추정하는데요. 기존의 기술로는 지구를 '지뢰 안전지대'로 만드는 데 1,100년이 걸린다고 한다.

대부분의 지뢰는 외피가 플라스틱 재질이다. 이 때문에 금속탐지기로 탐지기에는 한계가 있었다.

지뢰 탐지기를 드론에 장착하여 비행한다면, 지뢰 제거 작업에 투입 인원을 줄일 수 있고, 지형에 관계없이 드론 제거 작업을 수행할 수 있을 것이다.

기존에는 지뢰를 탐색하기 위해서 군인들이 금속 탐지기를 들고 다니면서 탐지 작업을 하거나 지뢰 탐지견을 활용하였다. 하지만 마인 카폰 드론은 위험지역을 비행하면서 3D 매핑 작업을 하고 지뢰를 발견하면 폭발물을 지뢰 근처에서 터뜨려 제거한다. 우선 3D 매핑 단계에선 GPS를 이용해 위험지역의 좌표를 확인하고, 드론에 부착된 로봇 팔에 금속 탐지기를 통해 지뢰를 탐지한다. 지뢰 탐색을 위해 지상 4m까지 드론이 호버 비행을 한다. 지뢰를 발견하면 소형 폭발물을 지뢰 근처에 놓고 온다. 드론이 안전지대로 빠져나온 후 타이머가 작동해 폭발하는 방식이다.

지뢰탐지 드론을 만든 우크라이나 10대 청소년

[출처: https://inews.co.uk/news/world/ukrainian-teenager-landmine-detecting-drone-sheltering-basement-1868400]

인공지능 기술을 활용한 지뢰탐지 드론
[출처: Jasper Baur, 2020]

3. 농업 분야 드론 활용사례

드론은 농약 살포 및 농작물의 실시간 관찰을 위해 주로 활용되고 있다. 드론에 인공지능(artificial intelligence: AI)을 탑재하여 위치정보와 풍속 등을 감지하여 자동으로 비행하고, 그날그날 농장의 상세한 데이터를 메인 단말기에 전송한다. 이렇게 축적된 데이터를 바탕으로 비료와 물, 농약의 종류 등의 변화를 파악할 수 있다. 지금보다 드론의 활용이 본격화되면 농작물 재배 비용을 크게 줄일 수 있으므로 고효율의 농산물 생산이 가능해질 전망이다(KDB 산업은행, 2015).

실례로 일본에서는 야마하가 만드는 드론이 영농 분야에서 다양하게 활용되고 있다. 일본 전체 농경지 중 40%에서 야마하가 만든 드론 'RMAX' 2,400기를 이용해 비료와 살충제를 살포하고 있다. 우리나라에서도 야마하 제품 드론이 소나무 방재나 영농작업에 활용되고 있다(천정훈, 2015).

미국에서는 소형 무인기로 작황을 살피거나, 농장에 있는 가축들의 이동 현황을 추적한다. 씨를 뿌리거나 농약을 살포하는 기계화 농업까지도 영역을 넓혀갈 것으로 관측된다.

이 외에도 농부들이 수확물을 확인하거나 농약을 뿌리는 데 드론을 활용한다.
야마하 헬리콥터 드론은 기존 항공기가 하던 역할을 드론이 대신 수행한다. 이를 통해 비용을 줄일 수 있었으며, 무엇보다 안전하고 정확한 작업을 할 수 있다.

4. 상업용 드론 활용 분야 및 사례

1) 물류 분야(택배, 배송 등)

드론을 통한 배송은 트럭을 이용한 기존 운송에 비해 비용 절감의 이점을 갖고 있다. 따라서 미국이나 중국과 같은 대륙에서는 물류배송 등에 드론을 유용하게 활용할 수 있다.

(1) 아마존

세계 최대 전자상거래업체인 아마존은 최근 무인 항공 물체를 이용하여 첫 상업적 배달서비스에 성공하였다.

Amazon Prime Air
[출처: Amazon]

8개의 프로펠러를 지닌 옥터콥터 형태의 무인 항공 물체를 이용하여 '아마존 프라임 에어' 배송서비스를 하였다. 아마존에 따르면 최대 2.3kg 중량의 물품을 30분 이내로 배송할 수 있다고 한다. 이 서비스의 상용화를 위해 아마존은 미국 연방항공청에서 허가를 받았으며 최근에는 드론 해킹 방지 기술까지 특허를 받았다.

(2) DHL

독일 DHL에서는 드론을 이용하여 의약품을 배달하였다. 유럽에서 물품 배송을 허가받고 배송서비스를 시작한 DHL은 2014년 9월 27일 DHL이 자체 개발한 파슬콥터(Parcelcopter)를 이용하여 독일 북부 노를 덴 시의 노르트다이흐 항구에서 12km 떨어진 북해의 위스트 섬에 의약품을 배송하는 데 성공하였다. 이 화물배송용 드론은 자동 비행 기능이 있어 사람이 무선조종을 하지 않고, 내장 컴퓨터에 입력된 비행경로를 따라 비행했으며, 섬에 착륙한 다음에는 현지 DHL 직원이 약품을 받아 고객에게 전달하는 방식이다.

(3) 알리바바

중국 알리바바 그룹의 B2C 쇼핑몰인 타오바오가 물류회사인 YTO 익스프레스(Express)와 제휴를 맺고 2015년 2월 드론을 통해 상품배송 테스트를 시행하였다. 알리바바 드론은 도심지인 베이징, 상하이, 광저우를 중심으로, 한 시간 내의 반경에서, 택배 수송 시범 운행을 진행하였다(단, 택배 무게는 340g 미만). 미국보다 각종 안전 문제나 규제를 공안부가 일괄적으로 관리하는 중국의 경우에는 드론 활용의지만 있으면, 아마존이나 DHL보다 상용화가 더 빠르게 진행될 수 있을 것으로 여겨진다.
알리바바그룹의 자회사인 타오바오에서 2015년에 드론 배송서비스를 시범적으로 운행하여 1시간 이내에 제품을 배송한 사례가 있다.

(4) 프랑스 우정 드론

프랑스 우정의 통운을 맡은 특별수송회사인 지오. 포스트(Geo Post)는 2014년 9월부터 COOMA 센터에서 드론 배송시험을 진행하였다. 특히 드론 시스템개발 기업인 Atechsys

사는 2014년 12월, 자체적으로 개발한 지오. 드론(GeoDrone)을 이용하여 프랑스 남부 지역에 1.2km 떨어진 지역으로 배송을 하는 데 성공하였다.

(5) 도미노피자

도미노피자는 2013년 영국에서 드론 '도미콥터(DomiCopter)'를 이용해 피자를 배달하는 테스트를 시도하였다. 영국 도미노피자는 지난해 6월 3일 드론 제조기업 에어로 사이트의 옥타콥터로 피자를 배달하는 데 성공했다. 당시 도미콥터 드론은 피자 2판을 들고 매장에서 6.5Km 떨어진 주문자의 집 안마당까지 10분 만에 도착했다고 한다.

(6) 응급환자 수송

이스라엘의 도시형 에어로노틱스(Urban Aero-nautics)는 응급환자 수송용 드론 에어몰(AirMule)을 개발하고 있으며, 미국의 매터넷(Matternet)은 도로 사정이 좋지 않은 신흥국 오지에 의약품이나 구호 물품을 전달하는 드론을 개발 중이며 배송망을 구축할 계획이다.
미국의 아르고 디자인 사는 미래의 응급 차량인 드론 구급차(Drone Ambulance)를 제안하였다.

(7) 방송·영화 촬영

드론은 영화·광고 산업과 방송 촬영 등 다양한 미디어 매체의 촬영에 다양하게 사용되고 있다. 경량 카메라가 탑재된 드론을 사용하여 저렴한 비용으로 안정상의 이유와 위치적인 제한으로 접근하지 못했던 장소를 화면에 나타내기가 가능해졌기 때문이다.

방송용 카메라를 탑재한 드론을 활용한 촬영은 영화나 예능 방송뿐만이 아니라 스포츠 중계 분야와 다큐멘터리에서도 이미 적용 중이다. 기존 헬리콥터 촬영은 화산의 위험 탓에 근접촬영을 할 수 없었지만, 무선전파의 유도로 비행하는 비행체 '드론'을 통해 생생한 화산 폭발 장면을 담을 수 있었다. 이렇듯 과거에는 접근성 문제, 위험 등의 문제로 촬영할 수 없었던 특수 촬영 분야에도 드론을 활용해 가능해질 것으로 예상된다.

(8) 보안 드론

보안 드론은 무선으로 동작하는 무인항공기다. 운영하는 방식과 설계에 따라 카메라, 센서 등이 상이하게 탑재된다. 무선통신이 가능하고 위치, 온도, 밝기 등 다양한 센서를 탑재할 수 있어 활용 범위가 넓다.

(9) 보험회사의 드론 활용

미국의 주요 보험회사들은 최근 드론 시험비행에 나서고 있다. 재해로 인한 건물 붕괴, 홍수피해 등의 규모를 조사하는 데 활용될 예정이다.

(10) 부동산 중개

부동산기업인 돈텔 미 쇼미(DON'T TELL ME SHOW ME)는 건물 외관과 내부 사진뿐만 아니라 무인항공기로 촬영한 공중 촬영 영상을 게재한 여 부동산 마케팅에 새로운 방법을 선도하고 있다.

5. 산업용 드론 활용 분야 및 사례

1) 건설 산업

(1) 해외 건설 산업 적용 사례

해외 건설 산업에서 드론은 건설 현장 관리 및 시설물 유지관리에 주로 사용되고 있다. 영국 웨일스 정부 출연 기구인 CEW(Construction Excellence in Wales)에서는 건설 폐기물 관리 프로젝트에 드론을 사용하여 발생하는 건설 폐기물을 추적하고, 실시간으로 관리자에게 폐기물 위치정보를 전달하였다. 관리자는 전달된 정보를 통해 폐기물 중 재활용이 가능한 것을 분류하고 재사용하여 전체 폐기물의 양을 줄일 수 있었다.

프랑스 건설사 VINCI는 채석장에서의 지형 조사 및 보관량 측정과 같은 업무를 수행하는 데 드론을 사용하였다. 건설 현장 관리뿐만 아니라 시설물 유지관리 측면에서도 드론이 사용되고 있다.

(2) 국내 건설 산업 적용 사례

국내에서는 주로 건설 현장 모니터링을 위해 드론을 활용하였다. 쌍용건설은 동부산 관광단지 건설 프로젝트의 현장이 넓고 바다로 둘러싸여 있어 현장 모니터링에 어려움을 겪었다. 이처럼 접근성이 열악한 현장에 드론을 활용하여 현장의 상황 파악을 신속히 수행할 수 있었다. 삼성물산은 사우디아라비아 복합발전소 건설 프로젝트의 진척도 확인, SK 건설은 건설 현장의 작업자 안전모 착용 여부를 파악하는 데 드론을 사용하였다(김형관 외 2015).

건설 현장 활용 미국 Skycatch 사가 제조한 드론은 고해상도 카메라와 GPS 및 여러 가지 센서를 부착하여 건설부 지의 3차원 지도 제작, 건설공사를 할 때 콘크리트 투입량 측정 등에 사용되고 있다.

2) 토지측량

그리스 Papastamos 사는 토지측량에 드론을 활용하여 인력 축소 및 비용을 절감하고 있다. 과거 토지측량을 위해서는 현장에 12명의 팀원을 투입했으나 드론 도입 후 드론 1대와 2명이 측량작업을 수행하고 있다.

3) 재난 및 수색 분야

(1) 재난 분야

미국 항공우주국(NASA)은 드론을 이용해 허리케인을 감시하고 있으며, 사우디아라비아의 킹압둘라과학기술대학(KAUST)은 드론을 이용한 홍수 예측 시스템을 운영하고 있다.

재난 분야에서는 현재 산림보호 활동 및 화재 현장에서의 구난 및 보급품 운송 등에 활용되고 있다. 긴급 구호물자 보급 예로 드론에 GPS에 입력된 주소로 자동 운행하여 목표지점에 의약품을 배송하는 모의 훈련을 성공적으로 수행하였다.

■ 산불 감시 및 초기대응 시스템

드론에 적외선카메라 혹은 멀티분광 카메라를 장착하여 위성영상과 같으면서도 국소 지역의 고해상도 영상 데이터를 빠르게 획득 가능하며, 실시간 감시 및 빠른 대응이 가능하다.

■ 홍수 조기경보 및 홍수피해 모니터링

홍수 모니터링에 드론을 이용하려는 연구는 2000년대 중반부터 활발히 진행되었다.
위성 기반의 날씨 예보는 홍수를 예측하는 것이 가능하지만, 돌발 홍수에 대한 예측이 어렵다. 하지만 홍수 모니터링을 위한 홍수범람도 제작이나 홍수 지역의 친수흔적조사와 침수·보상 산정에 있어서 드론을 활용하면 실시간 데이터를 생산할 수 있다.

■ 하천, 해양 재난관리

외국의 경우 일본은 하천, 해양 재난관리를 위해 긴급 대응, 하천 정비와 관리를 위한 고해상도 측량 데이터 취득에 활용하고 있으며 고해상도 촬영 사진을 이용한 3D 데이터 취득 연구 및 활용이 가능하다

(2) 수색 분야

스위스 로잔공과대학은 지진이나 산사태 등 재난이 발생했을 때 실종자가 소지한 스마트폰의 와이파이 신호를 감지해 실종자를 찾을 수 있는 드론을 개발하였다.

국내에서는 2014년 12월부터 부산 해운대구에서 장산의 산불과 산림훼손 감시활동을 위해 드론을 이용하고 있으며, 국립 산림과학원은 산림재해 및 소나무재선충 병의 신속한 탐지를 위해 무인 항공 기술을 산림연구에 도입하였다.

2014년 3월 중국 정부는 국영기업 중국항공공업집단 공사(AVIC)와 협력해 화학물질을 분사해 스모그를 제거하는 드론 테스트에 성공하였다.

일본 항공본부는 2014년 1월 방사선 모니터링 무인기 시스템(UARS)의 비행시험을 후쿠시마현 나미에에서 시행한 바 있다.

부산 소재 드론프레스는 2015년 4월 발생한 네팔지진 시에 UN 수색구조 분야(Secter)에서 드론 지원사(Supporter) 등록해 드론을 띄워 항공 자료를 수집하여 지진 사고 규모 파악과 수색작업에 도움을 제공하였다.

내팔 다라하라 타워 붕괴 전경

[출처: 드론프레스, 2015.4]

4) 시설물 관리

(1) 접근이 어려운 구조물의 모니터링

드론을 활용한 구조물 모니터링은 대형시설의 열화나 고장 여부 등의 검사를 효율적으로 수행 가능하며, 점검 시간을 대폭 단축하고, 작업자의 위험장소 접근 필요성을 없앰으로써 안전성까지 확보 가능하다.
자연재해로 인해 댐, 교량, 제방 등 수변 구조물에 피해가 발생할 경우, 빠른 복구를 위해 정확한 피해정보 분석이 필요하고, 상시 모니터링을 통해 큰 피해를 막을 수 있다.

(2) 문화재 및 산림관리

국립문화재연구소와 지방자치단체에서는 명승 및 문화재 보존관리를 위해 드론을 활용하여 자연유산 주변의 경관 변화상을 기록하고 있다.

자동항법 기술을 사용해 매번 같은 경로의 비행 데이터를 취득하여 주기적인 데이터 관리 가능하다.

자연재해에서 비롯된 지형의 훼손 여부, 수림지의 면적 감소나 재선 충 등 수목의 병충해를 손쉽게 판별 가능하며, 사람이 접근하기 어려운 곳의 근접촬영과 광범위한 지역을 파악하는 데 드론이 효율적으로 활용되고 있다.

5) 밀렵 감시

밀렵 감시 네팔군과 파크 레인저는 시험 드론 함대(test drone fleet)를 운용 중이다. 시험 드론 기는 일인칭 시점을 지원하는 FPV 랩터(Raptor)로 카메라가 탑재된 모델이다. 이들은 미리 짜인 경로를 따라 약 25km, 최대 50분까지 비행한다. 이 드론이 하는 일은 밀렵꾼을 차단하는 역할로, 드론이 활동 중 밀렵꾼을 발견하면 지상의 군부대 등으로 해당 위성 좌표를 전송한다.

6) 항공 교통 제어

항공 교통 제어 호주에서는 항공 교통을 관리해주는 이른바 '말하는 드론'이 등장했다. 6일 중국 신화통신 등에 따르면 호주 멜버른에 있는 로열 멜버른 공과대학(RMIT) 연구진은 항공 교통량을 제어해 주는 드론을 개발했다. 연구진은 이 매체와의 인터뷰에서 자신들이 개발한 제품이 항공기들과 자연스러운 소통을 통해 항공 트래픽 제어에 크게 기여할 것이라고 밝혔다.

7) 인터넷 통신

(1) 구글

구글은 2014년 4월 드론 개발업체인 'Titan Aerospace'를 인수하였다.

구글은 드론을 이용해 인터넷 인프라가 구축되어 있지 않은 오지에 인터넷을 보급해 시장 확대를 목표로 하고 있다.

구글은 스카이 벤더 프로젝트(Sky Vendor Project)를 통해 태양광 드론을 이용한 5G 통신 기술을 개발하고 있다.

(2) 페이스북

페이스북은 태양광 드론 '어센터(Ascenta)'를 인수하면서 구글의 무료 인터넷 공급 전략에 착수하였다.

8) 전력선 검사

드론을 이용한 전기 생산, 전송 및 배전 시설의 검사는 지속적인 배송을 보장하기 위해 주기적으로 수행되어야 한다. 드론 기반 검사는 기존의 유인 검사 방법보다 안전하고 비용이 적게 들며, BVLOS(Beyond Visual Line of Sight 시각선 너머) 작업은 효율성을 더욱 높여 드론 조종자가 작업 기지를 이동할 필요 없이 더 멀리 더 오래 전력선 검사를 수행할 수 있다.

드론을 이용한 전력선 검사

[출처: 박준영 외, 2016]

9) 드론을 활용한 송유관 진단

석유와 가스를 정제소로 수송하는 송유관 네트워크는 국가의 여러 도시에 걸쳐 확장될 수 있다. 송유관 정기 진단으로 금속 부식, 느슨한 용접 또는 날씨 및 기타 외부 요인으로 인한 손상과 같은 문제 예방 및 점검은 BVLOS 드론 비행 능력을 통해 국가의 도시에 연결된 송유관을 안전하고 효율적인 방식으로 검사할 수 있다.

드론을 이용한 송유관 진단
[출처: https://airsensacademy.co.kr]

10) 철도시설물 검사

철도 회사는 강, 계곡 및 도로를 가로지르는 수천 개의 다리와 함께 국가 철도망에 걸쳐 있는 철도시설물의 보존을 책임지고 있다. BVLOS 드론의 철도시설물 검사는 철도 일정 및 운영을 방해할 필요 없이 신속하게 국가 철도망의 철도시설물을 검사할 수 있어 검사 일정과 비용 절감을 제공해 줄 수 있다.

한국철도기술연구원은 2022년 5월 드론과 인공지능(AI)을 활용한 철도시설물 안전 점검 무인 자동화 시스템을 개발하여 시연하였다.
본 시스템은 드론과 드론을 운용하는 이동형 지상관제국과 드론으로 촬영된 영상 분석을 통한 균열 등의 손상을 자동 감지하는 손상 감지 소프트웨어로 구성되었다. 드론은 선로에서 발생하는 강한 바람에도 견딜 수 있도록 6개의 프로펠러가 있는 헥사콥터 형식으로 제작되었고, 철도 전차선에서 발생하는 전자기파에도 영향을 받지 않도록 고안되었다.

드론을 이용한 철로 검사
[출처: 한국철도기술연구원, 2022년 5월]

부록 2

우리나라 드론개발 주요 현황 및 드론 서비스 발전 동향

부록 2

우리나라 드론개발 주요 현황 및 드론 서비스 발전 동향

제1장 우리나라 드론개발 주요 현황

드론은 군사 정찰 임무, 산업시설점검·정비, 재난재해 구호, 상업 분야 활용 등 다양한 분야와 융·복합을 통한 생산성 향상과 다목적 임무 수행을 위해 광범위한 활용 그리고 인공지능, 통신, 빅데이터, 소재, 건설, 물류/유통, 제조업 등 다양한 신산업 분야와의 융·복합으로 기술적·경제적 파급효과가 기대된다.

우리나라 정부는 드론 산업의 기술경쟁력 세계 5위, 선진국 대비 90%의 기술력 확보를 목표로 원천·선도 기술 개발, 기술 실용화 등 연구개발(R&D)과 급증하는 드론의 비행 수요에 대비하고 저고도 공역의 교통관리를 위해 하늘길을 마련한다는 취지로 정부의 3단계 드론 관련 로드맵 및 '드론 산업발전 기본계획(안)'을 발표하였다.

드론 서비스 시장은 드론의 경제성과 정확한 데이터 모니터링 기능으로 잠재성을 가진 신흥시장으로 우수한 내구성과 낮은 운영비용으로 인해 다양한 응용 분야에서 수요가 증가하고 있다. 드론 서비스는 사회기반시설, 농업, 석유 및 가스, 광업, 물류, 미디어 및 엔터테인먼트, 보험 등의 다양한 산업에서 제공되고 있다. 하지만 민간 및 상업용 응용 분야에서 드론 서비스는 다양한 정부의 규제로 제한되고 있어 드론 서비스 시장은 위축되고 있다(영진 전문대학, 2018년 5월.).

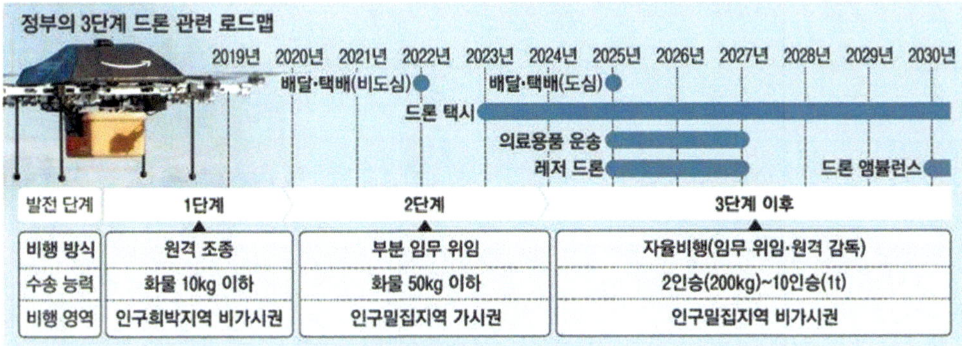

정부의 3단계 드론 관련 로드맵
[출처: 매일경제, 2019년 10월.]

드론의 시작이 군사용이었던 만큼 정찰용 무인기, 공격용 무인기, 무인 수상 함정 등 다양한 형태의 전투용 무인항공기가 드론 시장을 선도하고 있다. 무인 전투기의 경우 고도의 군 작전을 수행해야 하므로 고성능 센서, 전자 항법 장치, 정밀 영상 기술, 고속 디지털 통신 기술 등 핵심 기술의 계량화가 진행되고 있으나, 이에 따른 성능 차이가 크기 때문에 많은 기술 투자가 필요한 영역이다.

Keynote Navigator

가치사슬(Value Chain)

경제용어로, 기업에서 경쟁전략을 세우기 위해 자신의 경쟁적 지위를 파악하고 이를 향상할 수 있는 지점을 찾기 위해 사용하는 모형이다.

과학기술정보통신부는 2018년도에 무인이동체 기술혁신과 성장 10개년 로드맵을 통해 무인이동체를 운용 환경별·응용 분야별로 분류하여 발표하였다.

또한 국토교통부는 드론의 시범사업 분야(물품 수송, 산림보호 및 감시, 시설물 안전진단, 국토조사 및 순찰, 통신망 활용, 해양 관리, 농업지원, 영상 촬영) 및 국내 주요 기관별 드론 활용 현황을 선정하여 발표하였다.

2019년 12월 과학기술정보통신부는 '2020년도 무인 이동체 기술개발사업 시행계획'을 확정했다. 앞으로 과학기술정보통신부는 5세대(5G) 이동통신을 활용한 비가시권·군집 비행이 가능한 드론 운영 기술 개발, 육·해·공 공통 적용이 가능한 무인 이동체 원천 기술 개발 및 통합 운용 실증 등 혁신적인 무인 이동체 기술 개발을 새롭게 추진한다.

- '무인 이동체 원천기술개발사업' 추진
- '저고도 무인 비행 장치 교통관리체계 기술 개발' 추진
- 'DNA+ 드론 기술 개발' 추진(한국전자통신연구원, 2017년.)

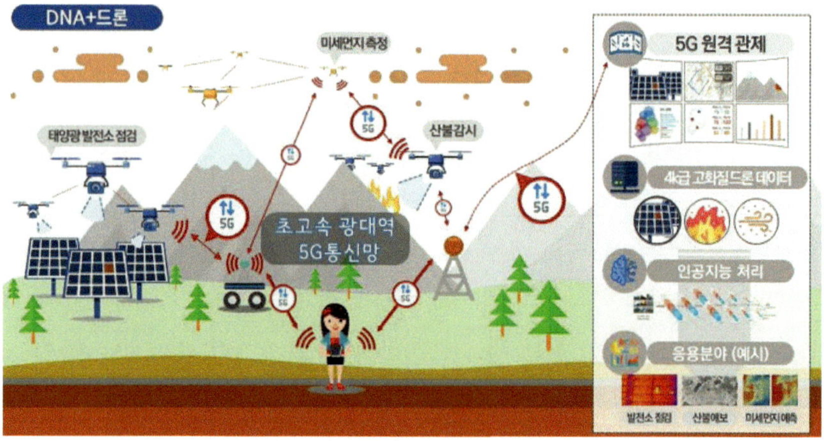

무인 이동체 기술개발사업

[출처: 대한민국 정책브리핑, www.korea.kr]

Keynote Navigator

DNA+드론

드론에 Data, Network, 인공지능(AI)을 접목해 기술을 개발하여 드론 서비스 개발을 활성화하는 기법이다.

국토교통부는 안전한 드론 길을 발굴하고 혈액 배송, 재난 대응, 시설물 안전 관리 등 드론의 활용 범위를 넓히는 실증사업을 추진할 계획이다. 국토교통부는 2022년 'K-드론 시스템' 실증

공모사업에 한국국토정보공사, 한국공항공사, KT 등 7개 수행 사업자를 선정하였다. 본 실증 사업을 통해 국토교통부는 도심 내 '특정 목적(배송·촬영·감시 등) 드론일' 발굴, 국가중요시설 주변 드론 관리, 드론 교통관리 서비스 사업화가 가속화될 것으로 예상한다.

'K-드론 시스템'은 드론의 비행 계획승인, 위치정보 모니터링, 주변 비행체와의 충돌 방지 기능을 하는 드론 교통관리시스템이다.

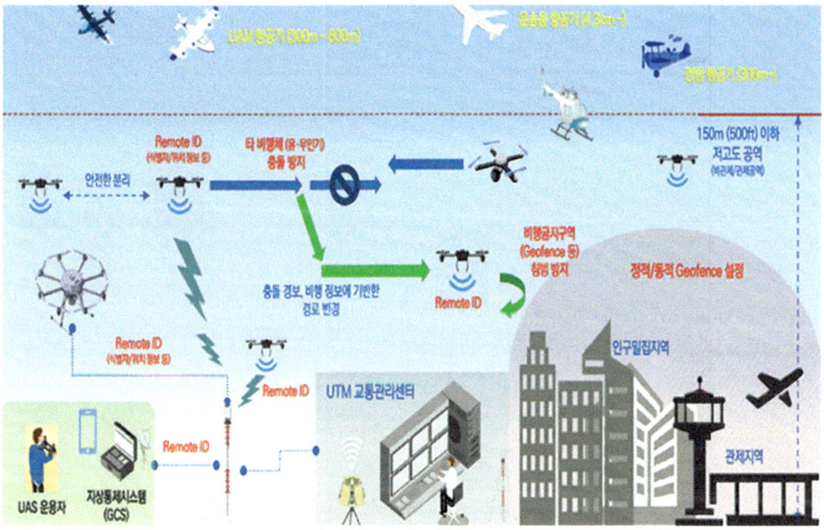

K-드론 시스템

[출처, 대한민국 정책브리핑, www.korea.kr]

세계상용 드론 활용 서비스 시장은 용도에 따라 사진 촬영 및 엔터테인먼트용, 재해 대책용, 감시용, 일기예보용, 농업용, 운송용 무인기 이용 서비스로 배송 시범 서비스 등 스마트 물류 서비스의 추진을 모색하고 있다.

인공지능 SW, 센서(레이더, 라이다 등), 배터리 기술, 항법 기술 등의 기술을 바탕으로 드론의 가치사슬은 드론 기체 제조 및 서비스 산업의 육성과 개인용, 공공분야, 국방 분야 등 전 산업 분야에서 형성되고 있다.

제2장 드론 서비스 주요 현황

현재 미국뿐 아니라 세계 드론 시장에서 가장 규모가 커질 것으로 전망되는 부문은 기업 고객을 대상으로 한 상업용 드론 관련 일체 서비스를 제공하는 종합 솔루션 사업이다.
드론 종합 솔루션은 단순히 드론을 대여해 주는 것이 아닌 기업 고객의 필요에 따른 드론 비행 계획 수립, 드론 기체 및 사용할 센서, 카메라 등의 선정, 항공관제 규정 확인 및 등록, 드론 조종 및 임무 수행에, 자료수집 및 분석, 리포트 작성 등 일련의 과정을 모두 원스톱으로 제공하는 서비스이다.

현재 미국 내 많은 드론 기업들은 부가가치가 높은 드론 종합 서비스 사업을 적극적으로 추진하고 있다. 미국 드론 기업들은 중국의 DJI 등의 드론 기체 제품을, 핵심기술인 자율 비행, 촬영 및 점검 등의 임무 수행에, 데이터 분석과 같은 부분은 자체 개발한 소프트웨어를 사용해 타사와의 경쟁력을 확보하고 있다(연구개발 특구 진흥재단, 2019년 12월.).

세계 드론 시장 전망, 2022 Drone Industry Insight

(단위: 억 달러)

구분	2021	2022	2023	2024	2025
상업용	242.4	281.4	314.8	342.6	365.7
레저용	23.8	24.2	24.4	24.5	24.6
전체	**266.2**	**305.6**	**339.2**	**367.1**	**390.3**

[출처: 국토교통부, 2023년 3월.]

1. 드론 서비스 발전 현황

현재 드론의 활용 현황 및 발전 방향은 3D 프린터를 활용한 부품 생산뿐만 아니라 자율 비행과 이를 가능하게 하는 통신(IoT, 5G), 정보처리(Big DATA, Machine Learning) 및 관제 기술,

그리고 드론으로 획득한 정보를 다시 분석하고 관리하는(IoT, Big DATA) 분야에 이르기까지 전 분야에 걸쳐서 4차 산업혁명의 결과에 영향을 받고 있다.

드론 산업 생태계를 개발 및 생산, 판매에 대한 협의의 관점에서 보면 4차 산업혁명과의 연관성은 특정 센서 및 제어장치 그리고 일부 부품의 3D프린팅 생산 등으로 상당히 제한된다. 그러나 드론의 운용 및 활용 부분을 포함한 전체 드론 생태계를 고려할 때 드론 생태계는 지능화, 자율화와 정보화 그리고 다양한 산업, 기술 분야가 융합되어 4차 산업혁명의 진행과 매우 밀접하다.

국토교통부 2021년 12월 정부 정책「드론 산업 경쟁력 강화방안」의 4대 추진 방향에 부합하는 기술 및 분야(드론 레저산업 분야, 공공분야 수요처 확보, 드론 사고 대응력 제고, 드론 보안 강화, 드론 배달 분야 등)를 발표하였다.
또한 국토교통부는 국방 분야, 산업용 드론, 상업용 드론 관련 활용 시장 확대 및 관련 기술 개발을 추진 중이다.

2023년 3월 중소기업기술 진흥원은 중소기업 전략 기술 로드맵의 드론 분야 주요 기술 분야로 드론의 활용 분야와 임무 수행 범위를 증가시키기 위해 인공지능(AI) 기술을 접목한 자율주행 기술, 고고도 및 장거리 비행을 위한 고성능/고효율 배터리 기술 및 충전 기반 기술, 드론 비행 안정성 증대를 위한 5G 기반 초고속 드론용 네트워크 및 시스템 기술인 통신 기술을 주요 기술로 제시하고 있다.

2. 드론 서비스 기술발전 동향

드론 종합 솔루션을 개발하는 미국 기업들은 자사의 핵심 역량 이외의 드론 서비스 분야에 대해서는 우수한 기능을 가진 기업들과 적극적으로 동반 관계를 맺고 있다.

반면에 국내기업들은 아직 경쟁사가 진출하지 않은 산업 영역에서 드론 서비스 가치사슬 상 하나의 분야에 특화된 강점을 가진 제품 혹은 소프트웨어를 개발하여 미국 시장에 진입하는 방안을 고려해 볼 필요가 있다. 특히 국내기업들은 미국 현지 기업 및 기관들과의 공동 연구나 개발을 통해 미국 내 안전 규제 등 기업의 필요에 적합한 디자인과 성능을 확보하고 초기 성공사례를 창출해 시장을 초기에 선점하는 전략이 필요하다.

드론 전략 제품은 4가지로, 운송/배달 드론, 재난모니터링 드론, 시설물 안전 점검용 드론, UAM(도심항공교통)으로 제시되고 있고 관련 기술은 발전하고 있다.

첫째, 운송/배달 분야의 드론은 비행 제어 및 IMU 센서 통합기술, 충돌 방지 기술(Lider, Optical Flow 등), 장거리 및 도심 배송 안정화 기술(Antijamming, 다중제어, 통신), 비가시권 비행을 위한 장애물 자동회피 및 자율주행기술 등의 핵심 기술이 개발되고 있다.

둘째, 재난모니터링 분야의 드론은 고강도 특수 소재 기체 기술, 충돌 방지 기술(Lider, Optical Flow 등), 저 지연, 고속 통신망 기술, 비가시권 비행을 위한 장애물 자동회피 및 자율주행 기술. 인공지능 기반 이미지 감지/분석 기술 등의 핵심 기술이 개발되고 있다.

셋째, 시설물 안전 점검용 분야의 드론은 시설물 구조 3D 모델링 기술, 충돌 방지 기술(Lider, Optical Flow 등), 시설 좌표값 측정 및 설계자료 대비 전 차량 계산 레이저 기술, 비가시권 비행을 위한 장애물 자동회피 및 자율주행 기술 등의 핵심 기술이 개발되고 있다.

넷째, UAM(도심항로교통) 분야의 드론은 배터리 고속 충/방전 및 장수 명화 기술, UAM 전용 통신 데이터링크 기술, 라이다 센서 이용 3D 정밀 측위 기술, 고출력밀도, 고효율 다중화 모터 기술, 소음 저감 기술 등의 핵심 기술이 개발되고 있다.

정부는 2017년부터 K-드론 시스템 연구개발(R&D) 사업에 착수하여 다수 드론을 동시에 관제할 수 있는 시스템을 개발하였다.

K-드론 시스템은 드론의 활용 범위를 기존 가시권 내에서 비가시권까지 획기적으로 넓힐 수 있어 드론의 신호등이라 할 수 있는 K-드론 시스템을 이용하게 되면 비가시권 비행은 물론 여러 대의 드론을 동시에 관제할 수 있게 된다.

정부는 한국형 도심항공교통(K-UAM) 로드맵의 후속 조치로, UAM을 교통수단으로 활용하는데 필요한 핵심 기술 확보전략과 K-드론 시스템과 연계한 UAM 운항 및 관제 절차, 실시간 기상·재난정보 등을 고려한 최적 비행경로시스템 구축을 계획하고 있다.

Keynote Navigator 도심항공교통(UAM)

UAM은 Urban Air Mobility의 약자로 도심지 내 수직이착륙이 가능한 전기 동력 비행체를 활용해 도시권역(30~50km) 교통수요를 정체 없이 수용 가능한 차세대 3차원 교통서비스이다.

국토교통부는 2018년부터 드론 우수기술 조기 상용화를 촉진하고자 비즈니스모델 실증을 통해 우수 기업을 지원하고 육성하는 드론 상용화 지원 사업을 추진해 왔다.

국토교통부의 드론 상용화 지원 사업을 통해 군집 비행기 술, 감시 및 수색기술, 집벌 및 낙하산 기술, AI 객체 인식 등 다양한 드론 우수기술이 개발되고 상용화되어 드론 산업의 성장을 견인하게 되었다. 또한 국토교통부의 드론 상용화 지원 사업으로 정밀한 드론 비행을 가능케 하는 KASS 수신기 개발, 드론 간 공중회피 및 안전거리 유지 장치 개발, 고효율 단상 직류 드론 모터 국산화 개발 등의 첨단기술 개발이 개발되어 K-드론 기술은 국내 드론 서비스 시장 확대에 기여될 것으로 전망되고 있다.

드론 상용화 지원 사업

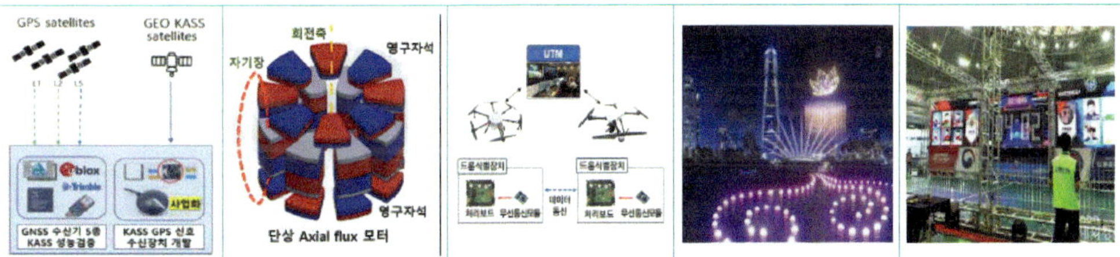

KASS 드론 수신기	고효율 모터	자율공중회피장치	드론공연	드론레저

[출처, 국토교통부, 2023년 3월.]

3. 드론 기술 개발 동향

국토교통부는 2017년 12월 드론산업 육성을 위해 드론 관련 기반 구축과 정보기술을 융합을 통한 한국형 '케이-드론(K-Drone) 시스템 개발 기본계획'을 발표하였다.

국토교통부는 2026년까지 현재 704억 원 규모인 드론 시장을 4조4천억 원으로 성장시키고, 기술경쟁력 세계 5위권 진입, 사업용 드론 5만 3천 대 상용화 등을 달성하겠다는 목표를 수립하였다. 먼저 국가·공공기관의 다양한 업무에 드론을 활용해 5년간 총 3,700여 대, 3,500억 원 규모의 드론 시장을 창출할 계획이다.

국토교통부는 드론의 등록과 이력 관리부터 원격 자율·군집 비행까지 지원하는 한국형 '케이-드론(K-Drone) 시스템'을 2021년까지 단계적으로 개발하기로 했다.

또한 국토교통부는 자동관제, 빅데이터, 5지(G) 기반 클라우드 등 4차 산업혁명 핵심기술을 적용한 첨단 자동관제 서비스를 세계 최초로 구현해 기술 표준을 선점하고, 드론 업계의 세계 시장에 진출을 지원한다는 계획이다.

이와 더불어 국토교통부는 드론 기반 구축도 서두르기로 했다. 장거리 드론 비행수요에 대응하기 위한 150m 이하 저고도 공역 비행을 위한 전용 하늘길을 마련하고 고속 비행 드론을 위해 '드론 하이웨이'(Drone-Highway)'도 단계적으로 조성할 계획이다.

한국형 K-드론 시스템 구축 및 운영에 대한 주요 내용은 다음과 같다.

- 5세대 이동통신(5G), 인공지능(AI) 등 첨단기술 기반 한국형 무인 교통 관리시스템(UTM, UAS Traffic Management)으로 K-드론 시스템 개발 및 구축
- 인공지능(AI, 자동관제), 빅데이터(기형·지상 정보 및 비행경로 분석), 5세대 이동통신(5G) 기반 클라우드(실시간 드론 위치 식별·공유) 등 첨단 자동관제 서비스 구현
- 이동통신망(LTE, 5G 등) 기반, 사용자에게 주변 드론의 비행 정보(위치·고도·경로 등)와 안

전 정보(기상·공역 혼잡도·장애물 등) 제공
- 저고도(150m 이하) 공역의 비행 특성을 고려한 효율적 교통관리를 위한 전용 공역(전용로 등)을 확보해 제공

- 체공시간 확대를 위한 배터리 및 충전 기반 개발
  - 연료전지 및 태양광 등 추진체 배터리 원 다변화를 통한 무인기의 짧은 비행시간을 극복 및 체공시간 확대
  - 체공시간 확대는 개인/취미용 드론의 협소한 활용범위를 벗어나 산업용의 임무수행 및 중/대형 드론의 비행을 가능하게 하는 핵심 요소
  - 배터리의 개발뿐만 아니라 무인 충전 기반 시스템 등 충전 기술에 대한 연구개발

- 해외동향으로 중국의 DJI는 '매트리스 100(Matrice 100)'에 수소 연료전지를 탑재하여 인텔리전트 에너지 시스템 구축으로 비행시간 1시간 달성하였고, Alakai(알라카이)의 스카이(Skai)는 최대 5명의 승객이 탑승하여 640km의 주행(최대 4시간)이 가능한 수소용 개인 비행체로 배터리 문제 해결을 위한 대안으로 개발 중

- 항법 및 상황인지 기술 향상 도모
  - 지상에서의 유인 조종을 벗어나 무인기 스스로의 위치 파악 및 상황인식을 가능하게 하기 위한 탐지, 인지, 항법 기술 개발

- 위치를 인식하고 안전한 비행을 위해 필수적이며 특히 충돌회피(Sense and Avoid)와 관련된 연구가 활발히 진행 중으로 드론이 대상을 인식하고 스스로 운항 경로를 결정하는 단계까지 개발

- 해외동향으로 국내기업인 수박아이오, 유비파이 두 회사가 회원사로 참여 중인 3D 로보틱스, 인텔, 퀄컴 등이 주축이 되어 전 세계 1,200개 이상의 회사들이 참여하는 오픈 소스(Open Source) 플랫폼 공유하여 자율주행 및 무인기의 항법제어 기술 개발 협업을 진행 중이고, Bosch 사의 다중센서 정보를 인공지능의 딥러닝 알고리즘으로 통합 및 인지하고, 비협조적 대상에 대한 자율형 충돌탐지 회피 능력 기술의 개발과 Skydio(스카이디오)에서 개발한 R1

은 AI를 탑재하여 사용자의 제어와 조종이 필요 없으며, 완전 자율 비행이 가능하도록 개발 중

- 통신 기술 적용 확대
  - 5G+ 시대와 더불어 무인기 본격 상용화를 위해 드론 통신 기술 개발 대비하여 통신 네트워크, 위성통신 등의 통신 기술 개발과 적용방안 모색
  - 드론에 대한 통신 기술 적용은 드론의 임무 수행을 통해 산업 활용도를 높이기 위한 필수 조건 중 하나로, 해외 각국은 통신 네트워크, 위성통신 등 R&D 추진과 드론에 적용
  - 드론의 통신방식으로 블루투스, WiFi, 위성통신, 셀룰러시스템 등이 사용되어 있음. 대다수 드론은 저 전력 통신을 제공하는 블루투스를 사용함. WiFi와 위성통신, 셀룰러시스템은 장점보다는 문제점이 많아 사용에 제약이 많음. 그 대안으로 LTE와 5G 이동통신이 부각되고 있음. LTE 통신은 비행거리가 늘어나고 실시간 영상 스트리밍과 고용량 데이터 송수신이 가능하나 규제가 많아 법안을 개정해야 상용화를 할 수 있음. 5G 이동통신은 빠른 통신과 주변의 여러 사물과의 실시간 통신이 가능하나 아직 5G 이동통신 표준이 확정되지 않아 상용화에 상당한 시일이 소요될 것임.
  - 해외동향으로 미국의 Aerovironment 사는 고고도, 중/대형 드론에 주로 강점을 갖는 회사로 2016년 8월 태양광 무인기 스카이타워 등 고고도 무인기들을 이용한 통신 중계, 적대적 관측 및 통신위성 차단 등에 대한 특허 취득함.
  - 이동통신망(LTE, 5G 등)을 통해 사용자에게는 주변 드론의 비행 정보 및 안전 정보가 제공되고, 출발, 경유, 목적지 등 사전 입력정보 기반으로 AI 형 자동관제소의 통제에 따라 원격·자율 비행이 가능해지고, 드론의 활용은 점점 확장 중 임.

드론 분야에서 가장 기대되는 기술 중 하나는 드론 운용 능력을 배가시켜 드론 활용 범위를 증가시킬 목적으로 드론에 인공지능(AI) 기술을 접목한 새로운 형태의 드론 개발 기술이다.

드론을 기존의 항공교통 관제시스템에 통합해 궁극적으로 교통 분야에서 널리 적용 및 활용될 수 있도록 충돌감지 및 회피 기술이 활발히 연구되고 있다.

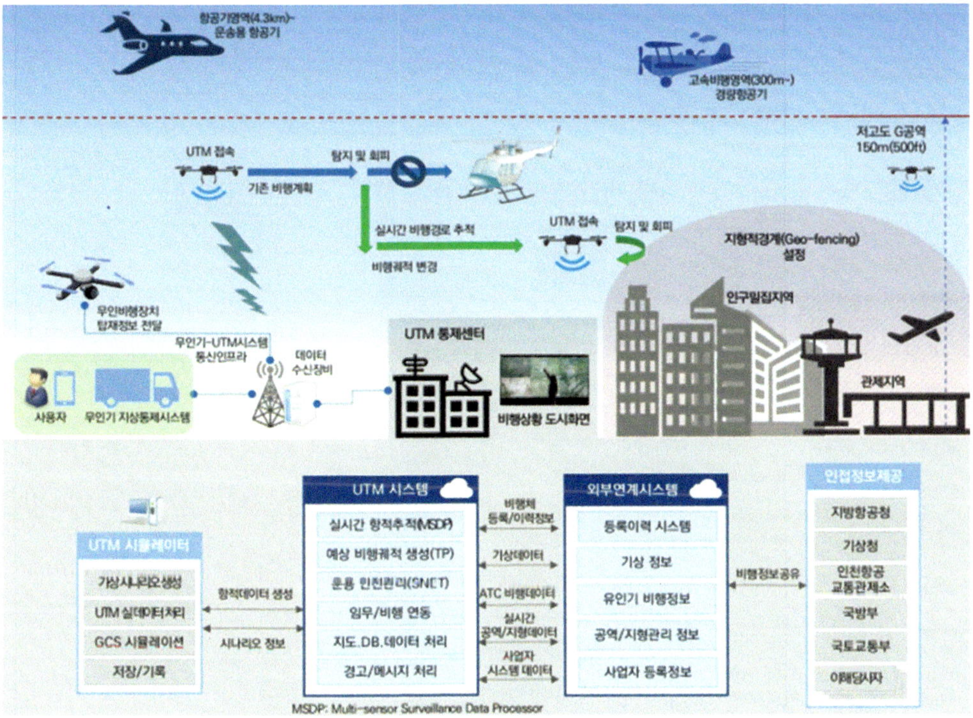

한국형 K-드론 운영 개념

[출처: 국토교통부]

드론의 표준화 제품별 핵심 기술 분야는 다음과 같이 고도화 개발이 이루어지고 있다.

- 이동통신망을 드론에 적용하여 비행 중 획득한 정보, 사진, 영상을 실시간으로 전송할 뿐만 아니라 통신 기능이 제어에 연동되도록 하는 개발 진행 중인 기술인 제어 및 통신(C2: Command and Control) 기술 분야는 드론 생산기업이 기술적으로 직면하고 있는 가장 중요한 도전 과제로 부각 되고 있다.
- 공중에서 확보한 데이터의 처리 및 분석 기술 분야는 결과물의 정밀도 및 처리시간의 감소가 관건 드론의 추가적 임무 수행 및 산업 분야 적용 확대를 위한 이미지 처리 기술 강화의 필요성에 따라 기술의 고도화가 진행되고 있다.

- 수소 연료전지와 같은 새로운 동력원을 찾기 위한 연구 지속적 진행되고 있다. 배터리 용량 증대 기술은 드론의 활용도를 높이기 위한 중요한 기술적 요소로 자리 잡고 있어 세계 각국은 경쟁적으로 개발을 진행하고 있다.

다음 표에 드론의 표준화 제품별 핵심 기술이 분류되어 있다.

드론의 표준화 제품별 핵심 기술

활용 분야	핵심 기술	세부 핵심 기술
멀티미디어 드론	- 고해상도 촬영, 인터페이스 - 실시간 영상정보 및 스트리밍 전송 기술	- 탐지 영상 분석 - 암호 보안 체계 - 임무 장비 통합기술 - 영상정보 종합관리
스마트 팜 드론	- 정밀 위치 결정 시스템 - 원격센서 데이터 수집	- 비행계획 생성기술
	- 영농 감시 영상 분석 플렛폼 - 멀티 스펙트럼 영상처리 기술	- 탐지 영상 분석 - 암호 보안 체계 - 임무 장비 통합기술 - 영상 정보 종합관리
개방형 자율비행 제어시스템	- 개방형 비행 제어 소프트웨어	- 개방형 자율 비행 제어
	- 탐지 및 회피 영상처리 기술	- 탐지 및 회피 기술
재난 안전 감시 드론	- 드론 장기체공을 위한 경량 대용량 배터리 기술	- 배터리 관리 기술
	- 재난 안전 실시간 감시 영상처리/전송 및 분석 플렛폼	- 탐지 영상 분석 - 암호 보안 체계 - 임무 장비 통합기술
	- 정밀 위치 결정 시스템	- 비행계획 생성 및 관리
	- 영상정보 종합 통제 시스템	- 영상 정보 종합관리 기술
드론 운용 교통관제시스템	- 중대형 드론 통신/항법/감시 장치 및 시스템 기술	- 전자 등록 및 관리체계 - 유무인 통합영역 관제 - 암호와 보안체계 적용 기술

활용 분야	핵심 기술	세부 핵심 기술
드론활용 신개념 물류시스템	- 대형 물류 드론의 고신뢰 및 안정성 확보 기술	- 화물 탑재 하역처리 기술
	- 드론 교통 관제시스템	- 자동 이착륙 - 암호 보안 체계 적용 기술
	- 자율 비행, 충돌회피 시스템, 탐지 및 회피 기술	- 충돌 방지 시스템 - 전자 등록 및 관리체계
건설 측량 드론	- 3차원 모델링 기반의 드론 비행 계획 설계	- 임무 장비 통합기술 - 탐지 영상 분석 - 암호화의 보안체계 - 영상정보 종합관리 기술

[출처: 드론 해외 기술규제 가이드, 한국표준협회]

맺음말

만약 여러분이 이 책의 맺음말을 보고 있다면, 드론에 대한 첫 번째 관문을 지났다는 것을 의미한다. 앞으로도 여러분이 드론에 관하여 알아야 할 수많은 정보를 접하게 되겠지만, 무엇보다 중요한 것은 여러분이 이미 드론 사용자가 되었다는 점이다.

드론 기술은 100년 이상 지속해서 발전해 왔고 앞으로 드론 관련 일자리는 더욱더 창출될 것이다. 여러분은 드론 자격증을 취득하여 드론 조종사가 될 수도 있고, 드론 관련 엔지니어가 되거나 사업을 할 수도 있다. 하지만 만약 여러분이 무인 항공기 분야에서 경력을 쌓고 싶지 않다면, 취미로도 즐길 수 있다. 더욱이 여러분이 가장 좋아하는 취미가 돈을 벌어다 준다면 굳이 그 기회를 놓치지는 않을 것이다.

원격 기술과 자동화는 수 세기 동안 존재해 왔다. 그러나 특히 드론은 무한한 가능성을 가지고 있으므로 인간의 삶을 윤택하게 해줄 다양한 서비스를 제공하는 시스템 자체를 변화시킬 수 있다. 드론은 새로운 비즈니스와 사회 환경을 만들어 줄 것이다.

한국의 외딴섬에 마스크를 전달하기도 했고, 플로리다의 외딴 마을에 처방된 약을 배달하는 등 드론을 통한 서비스가 제공되었다. 특히 멀리 떨어진 아프리카 지역에서 의료품을 배달하는 것은 단순히 도시 안에서 소포를 배달하는 정도를 뛰어넘는 새로운 역할 창출을 기대하게 된다. 드론이 도시 혼잡이나 교통 관리가 필요한 지역의 문제를 해결하기 위한 중요한 매체로 활용될 가능성을 열어 두게 된 것이다.

다만, 드론이 대중적이고 상업적인 사용에 대해서는 아직 개인 사생활 침범 문제나 보안에 관한 문제들이 여전히 중요한 과제로 앞으로 해결해야 할 숙제로 남아 있다. 또한 최근 드론 사용이 증가함에 따라 영공 내 교통량 증가는 다른 영공 사용자들을 크게 방해할 뿐만 아니라 드론 생태계 자체를 위협에 빠트릴 수도 있다. 새롭게 부상하는 드론 산업이 빠른 속도로 성장하기 위해서 사회적, 경제적, 정치적인 테두리 안에서 안전한 비즈니스 모델이 구축될 수 있도록 다각적인 연구와 협력이 필요하다.

최신 드론 모델은 이전에는 볼 수 없었던 다양한 임무를 수행할 수 있도록 소형화, 정교화되고 있다.

이 책에서는 촬영 드론에 관해 기반이 되는 기초적인 정보를 제시하였다. 이 책이 드론 사용자들에게 새로운 영감을 주기를 기대한다.

특히 드론을 조립하고 비행하는 것은 아주 흥미로운 있는 취미가 될 수 있다. 아마도 여러분은 더욱더 멀리, 더욱더 높이 날아오르기를 바라고 있었을지도 모른다. 드론으로 여러분의 인생을 충분히 즐기길 희망한다.

참고문헌

관계부처 합동, "드론 산업 경쟁력 강화방안", 2021년 12월.

______________, "일상 속 드론 상용화 지원을 통한 드론 산업 경쟁력 강화방안", 2021년 12월.

국토교통부, 드론 상용화 지원 사업, 2023년 3월.

___________, 세계 드론 시장 전망, 2022 Drone Industry Insight, 2023년 3월.

___________, 초경량 비행 장치 조종자 표준교재, 2011년 4월

권희준, "드론으로 보는 새로운 세상", 방송과 미디어 제22권 2호, 한국인지과학산업협회, 2017년 4월.

기상청 홈페이지, 2023년.

김양희, 드론 촬영 편집 실무, 크라운 출판사, 2018년.

김형관, 김홍조, 박성재, "건설 산업 드론 적용 가능성", 한국건설관리학회지 Vol. 16 No. 4, 2015년.

대한민국 정책브리핑, www.korea.kr

____________________, 무인 이동체 기술 개발사업, www.korea.kr

____________________, K-드론 시스템, www.korea.kr

라이스 레콘(Ryse Recon), 전기 수직이착륙 항공기(VTOL: Vertical Take-off and Landing), 2023년.

매일경제, 정부의 3단계 드론 관련 로드맵, 2019년 10월.

미국연방 교통안전위원회(NTSB)

미국 NOAA/NWS

박준영, 이재경, 김석태, "전력선로 점검용 생체모방형 드론에 관한 기술적 실현 가능성 연구", Journal on Electric Power and Energy, Vol. 2, No. 4, December 2016.

박지영, 김선경, "군사적 활동을 통한 드론 산업의 발전방안", 아산정책연구원, 2017년.

심승배, 권헌영, 정호상, "국내외 드론 산업 동향 분석을 통한 공공분야에서의 드론 활용방안에 관한 연구", Journal of Information Technology Services, 2016년 12월.

양희돈, 민간용 드론 산업 현황 및 기술 동향. 한국멀티미디어학회지, 제20권 제1호 2016년 6월.

연구개발 특구 진흥재단, "드론 서비스 시장", 2019년 12월.

연합뉴스, 북한 무인항공기 영상, 발견일: 2014년 3월 24일, 경기도 파주, 2016년.

영진 전문대학, "스마트 드론 서비스 시장 현황 분석 보고서", 2018년 5월.

윤광준, "국내외 드론 산업 현황 및 활성화 방안", 부동산 포커스, 2016년.

위키백과, 2021년. 4월.

은종원, 조황희, "ST-IT 컨버전스 위성통신융합기술", 도서 출판 Young, 2014년.

은종원, 최명진, 이동진, "ST-IT 컨버전스 위성지상국융합기술-지구관측위성을 중심으로", 도서 출판 Young, 2016년.

이동인, 김동호, 물리기상학, 2016년.

이성엽, "드론 기술 현황 및 기술 경쟁력 분석", 산은 조사 월보, 제733호, 2016년. 12월.

이희영, 이정우, 드론 촬영 입문, 커뮤니케이션북스, 2015년.

정의필, 안우신, 김언민, 이징칠, "Lidar 센서를 이용한 드론 자동 충돌 방지 시스템". 한국융합 신호 처리학회논문집, Vol. 19, No 2, 2018.

진정회, 김형석, "드론 기술의 공공분야 적용사례", 방송과 미디어, 제22권 2호, 2017년 4월.

천정훈, "드론 유비쿼터스의 시대", 키움증권, 2015년.

한국전자통신연구원, "드론 무선통신 기술 개발 동향", 2017년.

한국항공우주학회, "항공우주학개론", 경문사, 2005년. 2월.

한국철도기술연구원, 2022년. 5월

항공기상청, 항공기상 실무교재, 2014년. 9월.

항공안전기술원, 무인 비행 장치 특별비행 승인 비행계획서.

________________, 비행계획서 및 운영인력, 비상 상황 대응 절차.

Boeing, 보잉에서 개발 중인 무인 잠수함. 2011년.

CEPT(Conference of European postal & Telecommunication), 2018년.

dji.com, 촬영용 드론 기체의 구성 장치의 형상, 2023년.

dji.com, 촬영용 드론의 조종기 제어 스틱 모드, 2023년.

dji.com, DJI Fly 앱 메인 화면, 2023년.

garden@hani.co.kr, 2022년 11월.

참고문헌

dji.com, 촬영용 드론 조종기의 구조 형상, 2023년.

Jasper Baur, Gabriel Steinberg, Alex Nikulin, Kenneth Chiu, and Timothy S. de Smet, "Applying Deep Learning to Automate UAV-Based Detection of Scatterable Landmines." 12(5), 2020.https://doi.org/10.3390/rs12050859

KDB 산업은행, "드론 부상이 산업에 미치는 영향과 시사점", 2015년 6월.

Modern Physics", Cengage Learning, 2018년 1월.

Raymond A. Serway, John W. Jewett, "Physics for Scientists and Engineers with

The Guardian 홈페이지, "우크라이나 드론 부대 Aerorozvidka", 2022년. 3월.

https://bgmstore.net/

https://www.capcut.com

https://www.drone.onestop.go.kr

https://www.droneportal.or.kr/subList/

https://www.jamendo.com/start

https://www.methworks.com.com

https://www.microsonic.de

https://www.wallpaperflare.com/, 감시 무인항공기, 미국 육군 드론

https://www.youtube.com/audiolibrary/music

https://inews.co.uk/news/world/ukrainian-teenager-landmine-detecting-drone-sheltering-basement-1868400

약어 목록

AC: Alternating Current (교류)

AE: Auto Exposure (자동 노출)

AEB: Autonomous Emergency Braking (자동 긴급 제동 장치)

ATTI: Attitude (자세)

AVC: Advanced Video Coding (고급 비디오 고급화)

B2C: Business to Consumer (기업과 개인의 거래)

CB: Cumulonimbus (적란운)

CE: Conform ité Européene' (유럽 적합성)

CEPT: Conference of European postal & Telecommunication (유럽유편전기통신 주관청 회의)

Codec: compressor/decompressor (부호기)

CSC: Combination Stick Commands (스틱 명령 조합)

dBm: milli Decibel (밀리 데시빌, 전력 절대 측정 단위)

DEC: Digital Equipment Group (디지털 장비 그룹)

DJI: Da Jiang Innovation (중국 드론 회사 이름)

ECC: European Communications Commission (유럽 통신위원회)

EIRP: Effective Isotropic Radiated Power (유효 등방 성 복사 전력)

ERC: European Research Council (유럽 연구위원회)

EV: Exposure Value (노출값)

FCC: Federal Communications Commission (미국 연방통신위원회)

5G: five Generation (5세대)

FHD: Full High Definition (고화질)

FOV: Field of View (시야)

fps: Frames Per Second (초당프레임수)

FPV: First Person View (일인칭 시야)

GEO: Geospatial Environment Online (온라인 지리 환경)

GHz: Giga Hertz (기가 헤르츠, 10억 헤르츠)

GNSS: Global Navigation Satellite System (세계 항행 위성 시스템)

H/W: Hardware (하드웨어)

ICAO: International Civil Aviation Organization (국제 민간 항공 기구)

iOS: iPhone Operation System (아이폰 운영 체계)

IOS: Internetwork Operating System (인터넷 워크 운영 체계)

ISM: Industrial Scientific and Medical (산업 과학 및 의학)

L×W×H: Length×Width×Height (길이 x 폭 x 높이)

KASS: Korea Augmentation Satellite System (한국 항법 보정 시스템)

KC: Korea Certification (한국 인증서)

KPS: Korea Positioning Satellite (한국 항법위성 시스템)

K-UAM: Korea-Urban Air Mobility (한국 도심 항공 교통)

LED: Light Emitting Diode (발광 다이오드)

LTE: Long-Term Evolution (4세대 이동통신 기술)

mA: Milli Ampere (밀리암페어)

Mbps: Mega bit per second (초당 일백만 비트율)

약어 목록

MIC: Ministry of Information and Communication (한국 정보통신부)

MPEG-4: Moving Picture Experts Group-4 (화상통신 MPEG-4 표준규격)

mW: Milli Watt (밀리 와트)

NM: Nautical Mile (해리, 바다 거리 단위)

NOAA: National Oceanic and Atmospheric Administration (미국 국립해양대기청)

NTSB: National Transportation Safety Board (국가교통안전 위원회)

NWS: National Weather Service (국립기상국)

Ocusync 2.0: DJI Mini 2 HD(High Definition) Video Transmission Support Technology (DJI Mini 2 드론 고선명 비디오 전송 지원 기술)

PC: personal Computer (개인 컴퓨터)

RC: Remote Control (원격 제어)

R&D: Research and Development (연구개발)

RMIT: Royal Melbourne Institute of Technology (왕립 멜버린 기술대학)

SRRC: State Radio Regulatory Committee (중국 무선 관리 위원회, 중국 검험 인증 그룹)

SW: Software (소프트웨어)

TCU: Towering cumulus (탑적운)

UAE: United Arab Emirates (아랍에미리트연합국)

UN: United Nations (국제연합)

USB: Universal Serial Bus (범용 직렬 버스)

WiFi: Wireless Fidelity (무선 전송시스템)

저자소개

[은종원 Profile]

미국 유타주립대학교 대학원 박사(Ph.D) 물리학
미국 유타주립대학교 대학원 석사(M.S) 물리학
연세대학교 이과대학 학사(B.S) 천문우주학
(사)지능형스마트기술·정책원 원장
(사)통신위성·우주산업연구회 회장
남서울대학교 정보통신공학과 교수
World DMB Forum 부회장
한국과학재단 우주전문위원
한국전자통신연구원(ETRI) 전문위원, 실장, 팀장
미국 항공우주국 NASA Marshall Space Flight Center 선임연구원

헬로 스마트 드론(Hello Smart Drone)

발행	2023년 6월 30일
저자	은종원
발행인	윤태건
펴낸 곳	도서출판 가람
편집디자인	아트기획
주소	경기도 파주시 성재길 1-40 2층
전화	031) 948-0336~7
팩스	031) 948-0338
등록번호	406-2016-000141
E-mail	garam3322@naver.com
ISBN	979-11-89819-05-7 93560

정가 22,000원